NF文庫
ノンフィクション

# 設計者が語る
# 最終決戦兵器「秋水」

牧野育雄

潮書房光人新社

# はじめに

「秋水」は日本で最初にして唯一の有人ロケット戦闘機である。戦後六十年を経た今日、「ゼロ戦」（零式艦上戦闘機）を知る人は多いが、局戦「秋水」を知る人は稀（まれ）である。

　太平洋戦争の末期、昭和十九年ごろ、日本本土を米軍の空襲から守るには、超高度を飛ぶ爆撃機を迎撃できる性能を持った局地戦闘機が欲しかった。日本のプロペラ機では質、量とも不十分であった。そこで、ドイツのロケット局戦を日本で作り出そうとしたのである。

　ドイツではロケット機が開発されて幾多の改良変遷を経てはいたが、いまだ完成とはいえない状態であった。この資料を、当時、同盟関係にあった日本に運ぶためには、海路、潜水艦によってのみ可能であった。

　おなじ資料を積んだ二隻のうち、巌谷海軍技術中佐が乗った伊二九潜水艦が一隻、七十八日におよぶ苦難の潜水航海のすえ、シンガポールに到着。巌谷中佐は空路により七月十六日、Ｍｅ１６３Ｂのわずかな資料のみ日本に持ち帰った。

たとえてみれば、種子島の鉄砲伝来に似た感じであるが、鉄砲と違うのは、ロケット機の現物も、設計図もなかったことである。

伊二九潜はシンガポールで巌谷中佐らを降ろした後、日本へ向かう途中、七月二十八日に米潜により沈められてしまったので、積んであった「Ｍｅ１６３Ｂ」の資料と「機体およびロケット・エンジンの現物」は日本に到着しなかったのである。

もしも巌谷中佐のごくわずかな資料も到着しなかったならば、まったく「秋水」の出現はなかったであろうし、全資料が到着していたら、「秋水」の開発は少しは容易であったかもしれない。乏しい資料であったため、ドイツの原機とは一味異なった日本的「秋水」が誕生したとも言える。

さて、この得体の知れないロケット機の製造をどうするか。

「海軍航空技術廠は、七月二十日の陸、海、民の合同会議を経て、このわずかな資料からでもロケット局戦を開発し、生産することを熟慮、決断したのである。

結局、ロケット機は「秋水」と命名され、陸海軍が協力して対応し、ロケット・エンジンは陸軍主導、機体は海軍主導とし、設計・生産は三菱重工業株式会社が担当することに決まった。

「秋水」の機体は名古屋航空機製作所（名航）、ロケット・エンジンは名古屋発動機研究所（名研）に指令された。

筆者は昭和十九年一月に三菱重工業株式会社名古屋発動機研究所研究部研究課に入社した。

ディーゼル係である。ところが、同年八月から突然、ディーゼルをやめてロケット・エンジンの開発をせよということで、秋水係が誕生した。これが私の「秋水」の手記を書くに至ったまことに不思議な最初の出会いである。

翌二十年八月の終戦によって「秋水」の開発も終焉した。この十一ヵ月間に秋水に関して行なわれた日本各地の多くの人々のさまざまの貴重な貢献努力と、とくに秋水そのものの「技術的内容」の正確な記録を後世に伝えるのが、この稀有の国家的大開発事業の一員であった者としての責務であると思い筆を取ったしだいである。

先に『日本唯一のロケット戦闘機「秋水」始末記』（一九九五年）を発表したが、今回の本著は、秋水係時代に私が記した「作業日誌」を数年前に発見したことと、そのほか種々の未発表資料を発掘整理したので、これらにもとづいて、事実を補足、追加、あるいは訂正を加筆した。ロケット・エンジンの技術的解説についても、さらに詳細に補完したつもりである。

ロケット機「秋水」を実用するには、機体とロケット・エンジンの生産とともに、搭乗員の養成および、とくに大量に消費するロケット燃料薬液の調達（製造と保管）等にも十分な配慮が必要であるのは言うまでもない。これらの事項についても若干言及したい。

同時に秋水の開発に明け暮れした昭和十九年、二十年における国民の生活や日本の国力の状況と太平洋戦争の推移および、「秋水」とおなじ時期に出現あるいは開発中の「特攻兵器」についても、「秋水」の完成と無関係ではないので感想を述べることにした。

『秋水』に関する文献は、海軍の巌谷中佐、藤平少佐の『機密兵器の全貌』『航空兵器の全貌』、持田勇吉氏らの『往時茫茫』（三菱）、『三菱重工資料』などが基本となって良くまとめられている。

その後、永年にわたり『秋水』に関する調査研究の成果が多数の文献として出版されている。

しかしながら、とくにロケット原動機そのものを、さらに詳細に記述した文献は無かったのではなかろうか。

三菱で秋水係の一員としてロケット・エンジン設計に直接取り組んだ筆者は、戦後、記憶にとどめていた『秋水』の機能、構造、図面を文書に書き残しておいた。昭和二十一年のことである。これが前述した『秋水始末記』（内燃機関誌三十四巻五号一九九五年五月・山海堂）の原点であったが、その後もさまざまな資料、史料を各位からいただき、自分でも心がけた結果、六十年目にしてようやく、今回のこの拙著にたどりついたわけである。『秋水』を後世に伝える一助ともなればと切望するものである。

ここで特筆しなければならないのは、平成十三年十二月、三菱重工業株式会社名古屋航空宇宙システム製作所小牧南工場において、復元『秋水』が完成されたことである。同機は横浜の日本飛行機富岡工場の地中から発見された残骸をもとに、三菱に密かに保管されていた設計図が使用されて、復元担当諸氏の非常なご努力によって、当時の実機とまったく変わらない「秋水」復元機として再現された。
つづいて平成十四年八月には、秋水のロケット・エンジン「KR10型・特呂二号」が復元され、機体といっしょに同工場史料室に展示されている。この史料室には三菱の誇る名機「零戦」の復元機も並べられている。文中には復元機の写真などもいろいろ引用させていただいた。

本稿は長い間かかってまとめたため、ときには饒舌冗説になり、ときには重複部分があるかもしれないし、技術的解説のところは懇切丁寧にすぎると思われる個所があると同時に不充分のところもあると思いますが、ご寛容をお願い申し上げるしだいである。

# 設計者が語る最終決戦兵器「秋水」——目次

第一章　秋水の開発から試験飛行まで

写真・図版／筆者、関係者、柴田一哉、野原茂、雑誌「丸」編集部

# 設計者が語る最終決戦兵器「秋水」

# 第一章　秋水の開発から試験飛行まで

## 秋水導入決断の背景「国力の現状」

「秋水」とは、太平洋戦争末期、サイパンから飛び立って超高度で日本本土に侵入するアメリカのB29爆撃機を迎撃する決め手として、陸海軍の要請で、三菱重工業が昼夜兼行で開発した二液式薬液ロケット局地戦闘機の呼称である。ガソリン・エンジンと違い、燃料と酸化剤を持つロケット・エンジンは超高空でも性能はよく、一万メートルまでの上昇時間三分三十秒、最大速度九百キロ／時という驚異的な性能は、B29に対する迎撃用として期待された。

ドイツから巌谷中佐の持ち帰った機密資料によって、海軍航空技術廠長和田操中将がMe163を生産するという決断をした当時の日本の国力を考えてみよう。

昭和十八年秋、私（筆者）は三菱重工業株式会社名古屋発動機製作所の入社試験を受けた。名研はまだ発足する前であった。面接における質問に、「わが国の五大重点産業をのべよ」というのがあった。それは、「石炭、鉄鋼、航空機、船舶、軽金属」であったと思うが、うまく答えられたことが、いまだに記憶に新しい。

いま、この記事を書くにあたって思い当たるのは、この五大重点産業が太平洋戦争開戦以来、約二年を経過したその時期の「国の総合力の最弱点項目そのものをいみじくも表現しているのではないか」ということである。

明治時代、日清戦争も日露戦争も戦争の実態はべつにしても、それぞれ二年以内（宣戦布告から講和条約まで九ヵ月、十九ヵ月）で終結を見た。それがその当時の日本帝国の国力の限界と国際情勢を考えたうえのことであった。

昭和十六年十二月八日の日本軍真珠湾奇襲にはじまる太平洋戦争開戦前、日本海軍の中枢部は、海軍の戦争遂行の可能限界は石油備蓄量を考慮して一年半、多くて二年間まであるといっていた。

にもかかわらず、緒戦の思いもかけぬ大戦果に酔った大部分の国民の意識は、それまで鬱積していた米英の経済的な圧迫からの開放感を持った。その反面、これは一大事、大変な事態になるぞという緊張感の方がさらに大きかった。

しかしながら緒戦の戦果は、たとえばジャワ、スマトラの石油や南方の諸資源の利用が容易に可能であるような錯覚と楽観に結びついてしまった。製油施設を整備し、油輸送船で本国へ送れば海軍の燃料の心配はいらないはずであった。

いうまでもなく戦争遂行能力は、国のすべての部門のバランスある状態の上に成立する。南方に大量の石油が精製できても輸送するのは船舶である。また、開戦以来、各方面に拡大した戦場に兵員、兵器、食糧を運ぶ輸送船団は膨大な数が必要であった。

日米の艦隊決戦はむしろ空母を中心とした機動部隊の戦いである。昭和十七年以降のいくつかの海空戦によって空母、艦載機、熟達搭乗員の多数を失った日本の連合艦隊は、しだいに壊滅への途をたどる。

米潜水艦は日本近海にいっぱいいた。制空権も制海権ももはやないにひとしい。朝鮮、満州、中国と南方各地からの物資調達、輸送は輸送船がどんどん沈められて思うようにいかないようになった。

ガダルカナル島が失陥し、サイパン島が奪われ、硫黄島もやがて取られる運命にあった。太平洋戦争中に米潜水艦が撃沈した日本の船舶は五百三十二万トンに達し、日本の海上輸送は麻痺し、軍事作戦能力はもちろん、日本経済全体が破綻していた。

昭和十六年の米国の鉄鋼生産は七千五百万トン、これに対し日本は四百五十万トンであった。しかし、海外からの鉄鉱石、石炭の入手が不可能になり、国内の粗悪な鉄鉱石や石炭での操業では必要な鉄鋼は生産ができない。朝鮮、満州の港に鉄鉱、石炭が集積されても運ぶ船がない。鉄鋼の生産量は減少の一途をたどる。

このような状態がつづくかぎり、軍艦、空母はいうまでもなく不足する輸送船の補充もおぼつかない。戦車も大砲も小銃すら、鉄がなければつくれないのである。航空機もしかり。とくに航空機は、機体にはアルミニウム合金を多く使用するし、エンジンは特殊鋼が不可欠である。その他精密機器、計器、電装品等、広範囲の資材が入用である。

消耗した航空機の補充は最重要課題である。日本陸海軍機の生産状況は昭和十八年、十九年をピークとして、十九年末から激減、極減した。三菱、中島はじめ主要な航空機工場が集中的かつ大規模な空襲をうけ、壊滅的な被害をうけたためである。

やがて、マリアナ、サイパンの米軍基地から来襲するＢ29「超空の要塞」は日本の主要発動機工場を猛爆するようになり、日本の航空機生産は激減してしまう。Ｂ29は全国の市街地を無差別に爆撃し、大都市は廃墟と化すのである。これは前々から予想されていたことである。こうならないようにするための起死回生的な決戦兵器として、「秋水」の開発が希求されたのであった。

ドイツから秘密兵器を導入

ここでいう秘密兵器とは、戦局に大きく影響するものにかぎられる。原子爆弾、レーダー、誘導弾、噴射推進式飛行機、シュノーケル型潜水艦等があり、ここで取り上げるのは、そのうちのロケット戦闘機とロケット・エンジンに関するものである。

昭和十八年、ドイツに駐在していた日本の海軍武官たちはドイツ空軍の幹部との話から、ロケット戦闘機Me163とジェット機Me262の存在を知り、その譲受を働きかけた。十九年三月はじめに、これらの技術資料を日本に譲るむねの連絡をうけた。

当時、同盟国であったドイツからの情報交換は潜水艦だけであった。ちょうどこのとき、都合よく伊二九潜水艦（秘匿名「松」）が、ロリアンに着いたので、ロケット機とジェット機の資料をこの伊二九で日本に送ろうとしたのである。さらにもう一隻の呂五〇一潜水艦（ドイツから日本へ贈られた潜水艦〈秘匿名「皐月」〉）も日本へ向かうことになっていた。巌谷中佐と吉川中佐が、この二隻の潜水艦にそれぞれまったくおなじ資料を携行して乗り込み万全を期した。

しかしながら、吉川春夫中佐の呂五〇一潜水艦は、先行して、三月三十日夜、ロリアンを出航し、大西洋を航行中、攻撃をうけて資料もろとも消息を絶ってしまった。

この前後の状況については、巌谷中佐の詳細な記録『航空兵器の全貌』および、『密兵器の全貌』でのべられている。

## 秋水開発の経緯

ドイツが開発したMe163ロケット戦闘機等の資料を日本に持ち帰るため、ドイツに駐在していた巌谷英一海軍技術中佐は伊二九潜水艦に乗り、四月十六日に仏領ロリアンから英米軍の海上封鎖線を文字どおり潜り抜けて、航程（復航）一万五千海里（カイリ）、潜航六百六十時間、八十七日間の潜水航海のすえ、シンガポールに到着、輸送機に乗り換え、わずかな資料を持ち一足早く、七月十九日に東京に到着した。ところが、多くの資料を積んだ伊二九潜水艦は呉軍港を目ざして北上中、米潜の雷撃をうけて貴重な資料とともに沈没してしまった。

巌谷英一海軍技術中佐

昭和十九年七月二十日、巌谷中佐の持ち帰った資料をもとにした海軍航空技術廠における会議で、空技廠長和田操中将は、この新しい「ロケット戦闘機」の開発を決断したのである。機体は海軍、エンジンは陸軍の主導、実務は三菱重工業株式会社が実施することになった。名称は海軍がJ8M1、陸軍がキ200、統一名称「秋水」、エンジンは海軍がKR10、陸軍は特呂二号とされた。

結局、秋水の開発は、巌谷中佐の持ち帰ったMe163Bロケット局地戦闘機の「わずかな資料」だけで進めなければならなかった。

〔三菱に渡された資料の内容〕

1、A4判約二十頁の「簡単な機体の設計説明書」「主翼各断面における座標」（機体関係）

2、B5判約二十頁の「ワルター式と称する薬液ロケット・エンジンの燃焼室に取り付けられる数（七〜八？）種類の薬液噴射器の燃焼比較試験の報告書」「ロケット推進薬の化学的組成の説明書」「簡単な薬液の製法と取扱法の説明書」
この冊子の前半四頁ほどに、ロケットモーターの系統図と動力装置、蒸気発生器、調圧装置、調量装置、燃焼装置の小さな説明図が掲載されてあった。これらは本システムの概念を示す（その原理と構造が小さな略図を付けて説明してある）ものであって、詳細不足、寸度記入は無い。系統図や各要素の構造や機能の説明も無い。これは設計資料ではなくて設計のヒントになるものにすぎなかった。

3、その他、巖谷中佐のＭｅ社における調査報告

これより前、海軍省は、伊二九潜が順調にいけば七月下旬にはＭｅ１６３の資料が東京に届くものとみて、六月に艦政本部長を委員長とする呂号委員会がつくられ、推進薬についての検討をはじめていた。

「三菱重工業株式会社名古屋発動機研究所」

ここで、三菱重工業株式会社名古屋発動機研究所の沿革について紹介する。
三菱の神戸造船所から航空機部門を独立させ、名古屋港ちかくの埋立地に新工場（大江工場）を建設し、名古屋航空機製作所（名航）として発足したのは、大正九年のことである。
昭和八年六月、深尾淳二氏が長崎造船所から名航へ転入し、翌年六月、発動機部長になっ

た。そして昭和十一年七月に新しい一千二百馬力の「金星四〇型」を完成させた。優秀な性能と信頼性を持つ最高級のエンジンであった。

このころから航空機の生産は、軍からの発注が増えはじめ、三菱の航空用発動機の基礎は完全に固まり、以後、大江工場は活況を呈した。

昭和十二年八月、名古屋航空機製作所は、名古屋市東区大幸町に発動機工場用地約二十四万四千平方メートルを鐘淵紡績㈱より譲り受けて取得、昭和十三年三月に機械、仕上げ、組み立て、鋳鍛、調質工場など七万二千七百二十七平方メートルの建物を完成、同年七月一日には名古屋航空機製作所の発動機部門を分離し、名古屋発動機製作所（以下、名発と略称）を新設した。これが大幸工場の発足である。初代所長は、深尾淳二氏であった。当時の従業員は、職員三百六十三名、工員四千四百八十六名であった。

昭和十五年七月、名発の鋳鍛素材部門（鋳物、鍛冶、弁、軸受の四部門）を分離し、名古屋金属工業所（名金）を新設（大幸工場内）、昭和十九年の最盛期には、土地九十八万平方メートル、工場建物三十七万四千平方メートルまで拡張した（註：名金、名研をふくめた大幸工場全体は土地百二十一万三千平方メートル、建物四十八万九千五百平方メートルである）。

大幸工場の巨大な構内と第一、第二、第三の各工作部建物の中の見渡すかぎりぎっしりと並べられた工作機械群、素材から加工、組み立てへの整然とした流れなど、見る人に大きな驚きと感銘をあたえたのである。

昭和十七年の発動機生産は、月に五百から六百基、十八年十二月には一千基を越えた。航空発動機の生産総数は名発として独立後、四万八千九百九十六台（うち、瑞星一万二千七百九十五台、金星一万五千百二十四台、火星一万五千八百九十九台）であり、わが国の航空発動機総生産の六十パーセント以上を占めたと推察される。

昭和十八年十一月、名古屋発動機製作所の研究・開発・試作・治工具関係（技術部、材料試験場、試作工場、工作技術部）を分離統合し、名古屋発動機研究所（名研）を新設した。（大幸工場内）所長は稲生光吉氏で、昭和十四年二月に神戸造船所から名発の技術部長として転入していた。

## 三菱重工大幸工場へ入社

昭和十九年一月、筆者は三菱重工業株式会社名古屋発動機研究所に入社した。名古屋市東区大幸町の大幸工場である。人事係の人に伴われて、名研・材料試験場の建物の渡瀬常吉場長の室へ新入社員数人が案内され、そこで決められていた配属先の係長に引き継ぎされた。筆者は、名古屋発動機研究所研究部研究課ディーゼル係であった。そこではじめて係長の持田勇吉氏にお目にかかったわけである。以後、今日に到る永いお付き合いがはじまった（持田さんは惜しくも平成十四年十月十四日に逝去された）。

名研本館三階。北東隅に成田課長（のちに研究部長）、南側窓際を東から西向きに持田係長（のちに原動機研究課長）、田島技師、望月、川原田、多和田、伊藤雄幸ら各技師が、順

三菱入社当時の筆者

に机を並べている。私は真ん中あたり通路よりに席をあたえられた。

仕事は空冷星型航空エンジンの取扱説明書の勉強などがあり、しばらくして航空ディーゼル・エンジンD4A1の総組立図のクロースへの烏口コンパスによる墨入れトレースが初仕事であった。課長の成田さんからも細かい指導をしてもらったことが忘れ難い思い出である。

## 大幸の名古屋発動機製作所

大幸工場を建設する前、大江の名古屋航空機製作所（名航）発動機部では、昭和十一年に新しい千二百馬力の発動機「金星四型」を完成させた。三菱は大幸工場を建設し、昭和十三年七月、名航から発動機工場を分離独立させ、航空発動機の製造を開始した。

大幸工場の工場レイアウトは、本館建物のすぐ南に第一工作部があり、その東側に新設された第二工作部は昭和十五年夏に本格稼動をはじめ、名発は日本一の発動機工場となった。つづいて第三工作部が大幸工場の東北東端部に建設された。

昭和九年に名航がアメリカ最大の航空発動機メーカーであるプラット&ホイットニー社か

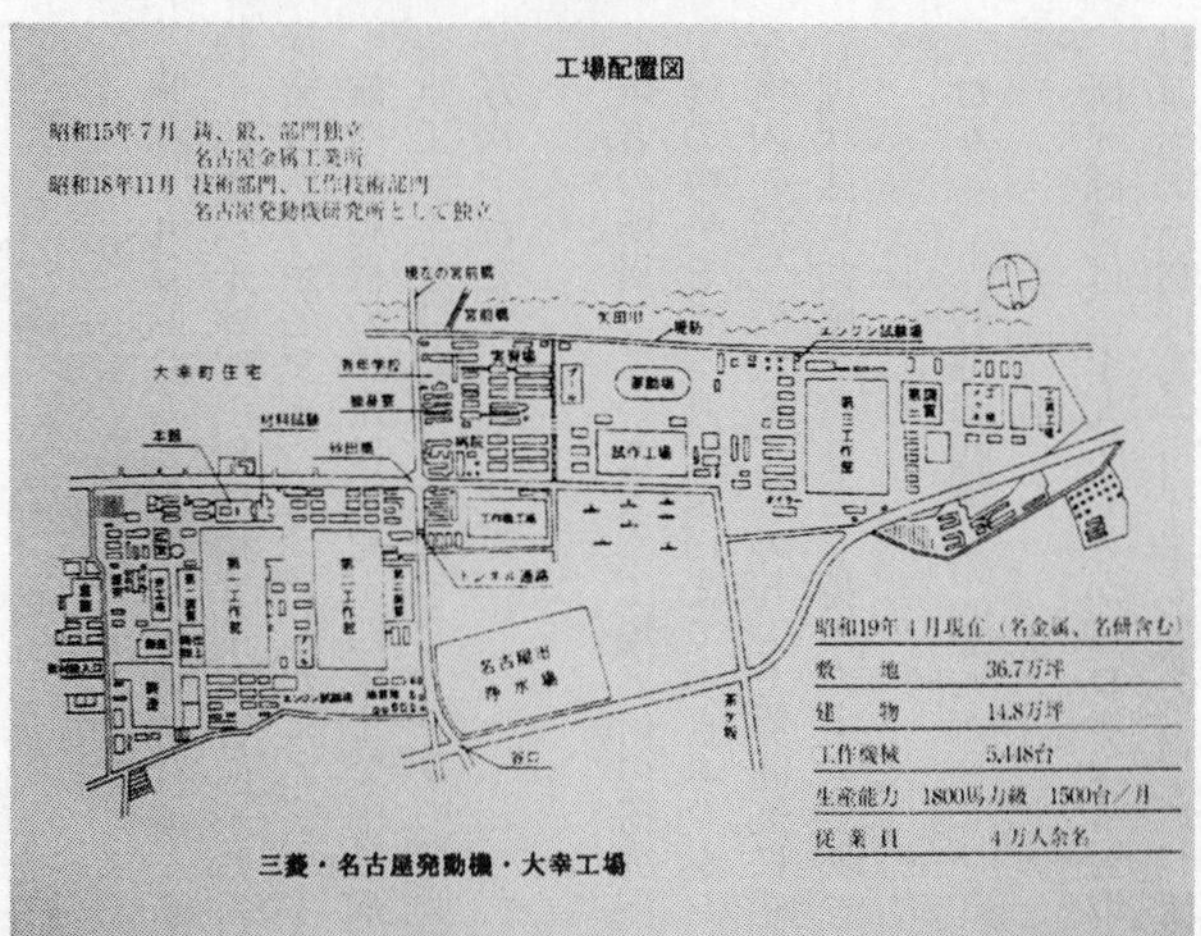


ら七百馬力エンジンの製造権を買い、それをもとにして研究をかさね、金星四型を開発したのであるが、大幸の発動機工場は、かつて、三菱の幹部が感嘆と羨望の念を禁じ得なかったこのプラット社のイーストハートフォード工場を参考にしてつくったといわれている。

ここで、工作部平屋建て一工場の配置を紹介してみよう。

工場中央の南北にのびるメイン通路の両側の広いスペースに、建物の東端・西端数ヵ所からそれぞれ搬入された材料や部品が、各種工作機械群の間を順次、流れ作業で中央部に向かって移動する。シリンダーヘッド、シリンダー、クランクケースやコネクチングロッド、ピストン等々の大物・小物の加工や部品組み付け、部分組み立てが進み、最終組み立てされた発動機完成品は南出口に到達する。南口を出ると、そこにエンジン試運転場がある。

昭和十九年四月の名古屋発動機製作所（名研、名金ふくむ）の敷地は三十六万七千坪、建物十四万八千坪、工作機械五千四百四十八台、生産能力一千五百台／月（一千八百馬力級）従業員四万余名であった。たしかに名実ともに日本最新鋭最大の発動機工場であったと思う。航空発動機の生産は昭和十四年まで中島飛行機が日本一であったが、昭和十五年からは三菱重工が生産数が首位にたった。三菱の発動機生産数は昭和十八年は約一万台、十九年には一万八千台をつくった。

筆者の所属していた大幸工場名研の研究課は本館の三階にあった。下に降りて第一工作部工場の中央を真っ直ぐ南口まで歩きエンジン試運転場へ行くとき、なんとはなしにこの巨大な構内の活気溢れる工場の匂いと雰囲気に感激し、無数に並んだ機械の動き、行きとどいた管理状態に共感と誇りとを持ったものであった。

ロケット局地戦闘機の開発

研究課では、十九年七月からロケットと取り組み、開発を推進した。本館三階の研究課には筆者の所属するディーゼル係のほかに、ターボ・ジェット（小室俊夫・西沢弘技師）、脈動燃焼ロケット（日比吉太郎技師）の担当があった。八月から、Ｍｅ１６３と一緒にドイツからもたらされたＭｅ２６２の資料によるタービン・ジェット・ネ３３０（西沢弘、鈴木春男、中野信）の係が編成されている。

話をもとにもどそう。ディーゼル・エンジンの部品図などいろいろ書いて設計製図にも慣れてきたころ、私たちのディーゼル係は、突然、ドイツからもたらされた機密資料による「噴射推進式原動機」の開発を命ぜられた。

十九年七月十四日、ドイツから巌谷海軍技術中佐が伊二九潜水艦で、はるばる日本に運んできた噴射推進式局地戦闘機「Ｍｅ１６３」の簡単な資料により、陸軍・海軍・三菱が協力してロケット戦闘機を至急生産することが決定され、ロケット推進局地戦闘機は「秋水」と名づけられ、機体は大江の名古屋航空機製作所（名航）、エンジンは名古屋発動機研究所（名研）が担当することとなり、急遽それぞれの設計チームが編成された。

秋水の機体は名航では局戦「雷電」の設計に携わった高橋巳治郎技師を設計主務者として十数名で編成、設計図提出期限を十月十五日とし、十一月三十日を滑空機、試作機の製作日程とした。

## 不眠不休のロケット・エンジン設計

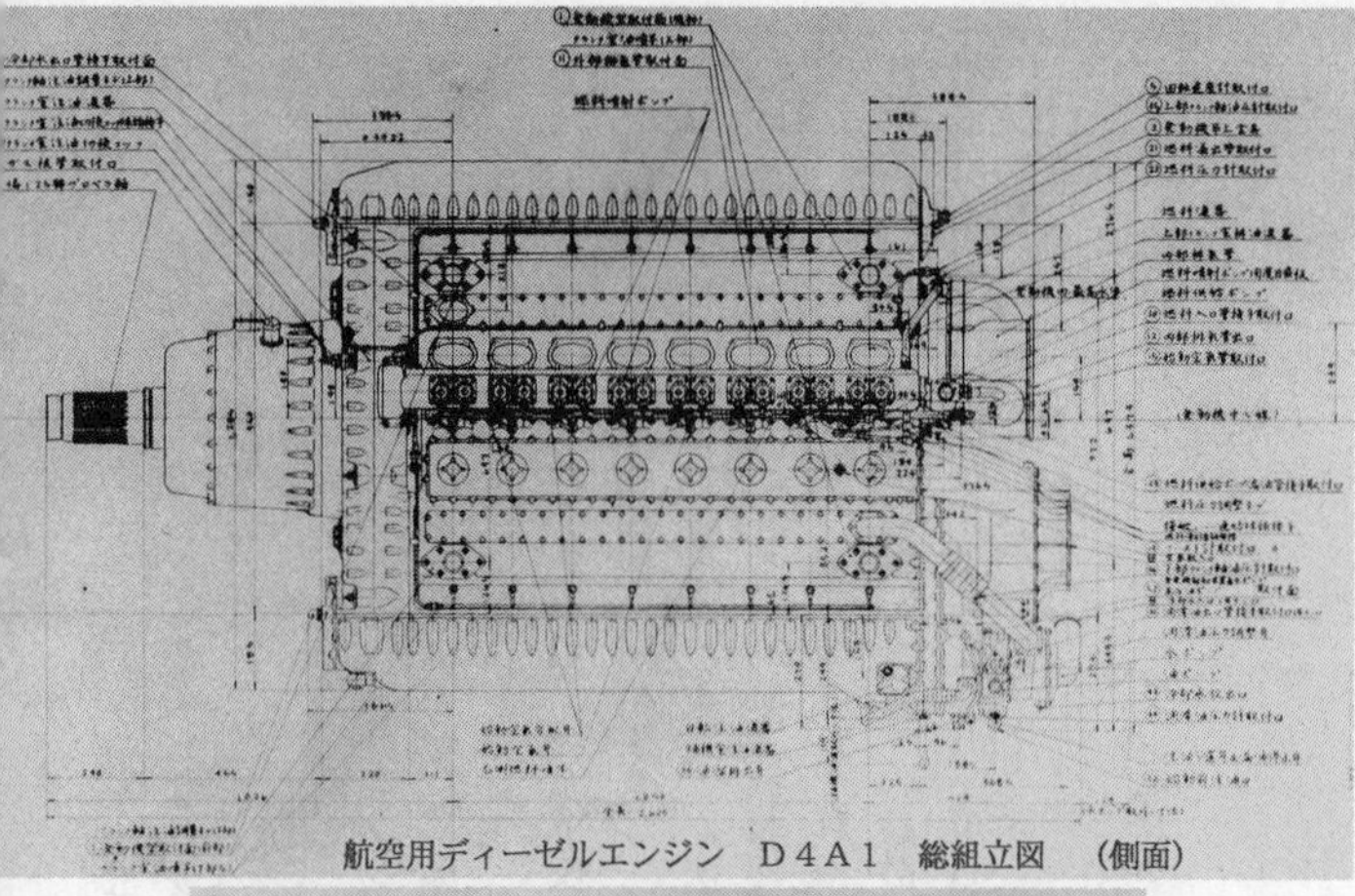

航空用ディーゼルエンジン　Ｄ４Ａ１　総組立図　（側面）

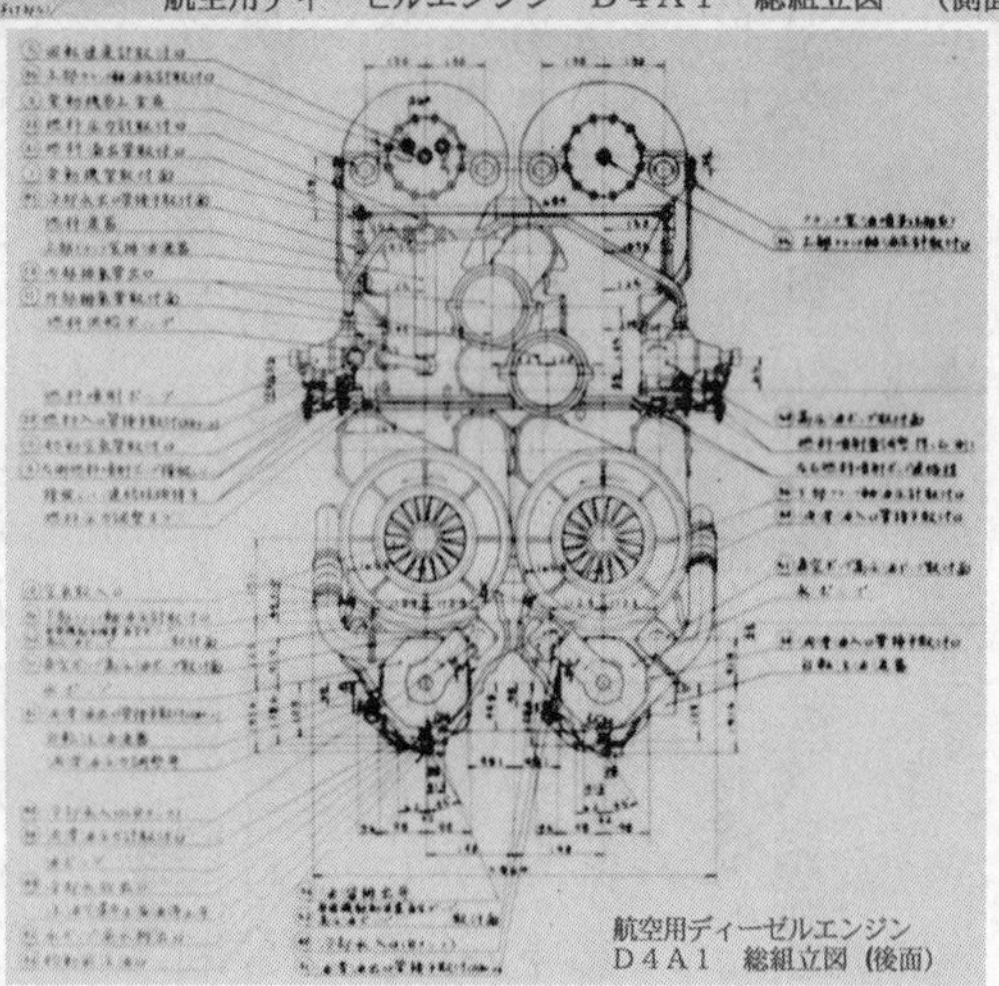

航空用ディーゼルエンジン
Ｄ４Ａ１　総組立図（後面）

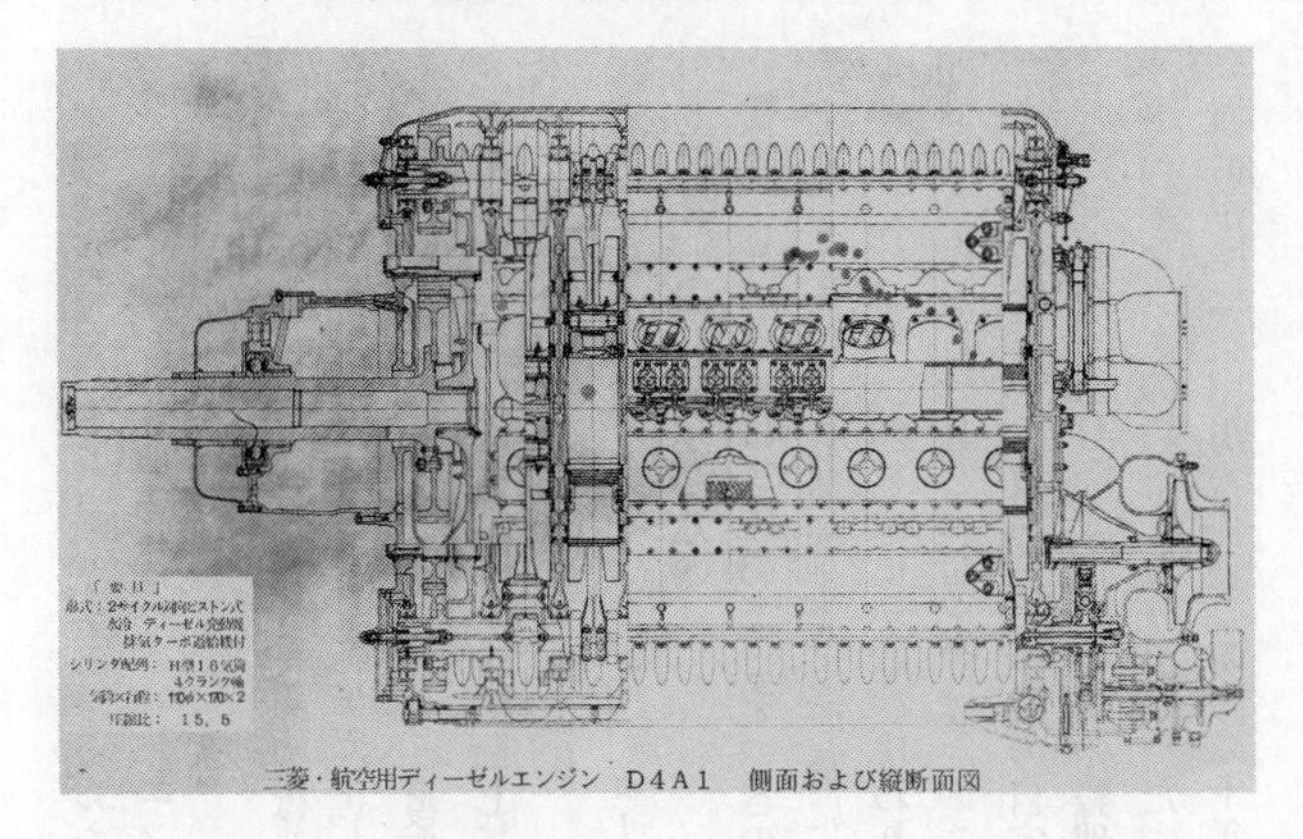

三菱・航空用ディーゼルエンジン　D4A1　側面および縦断面図

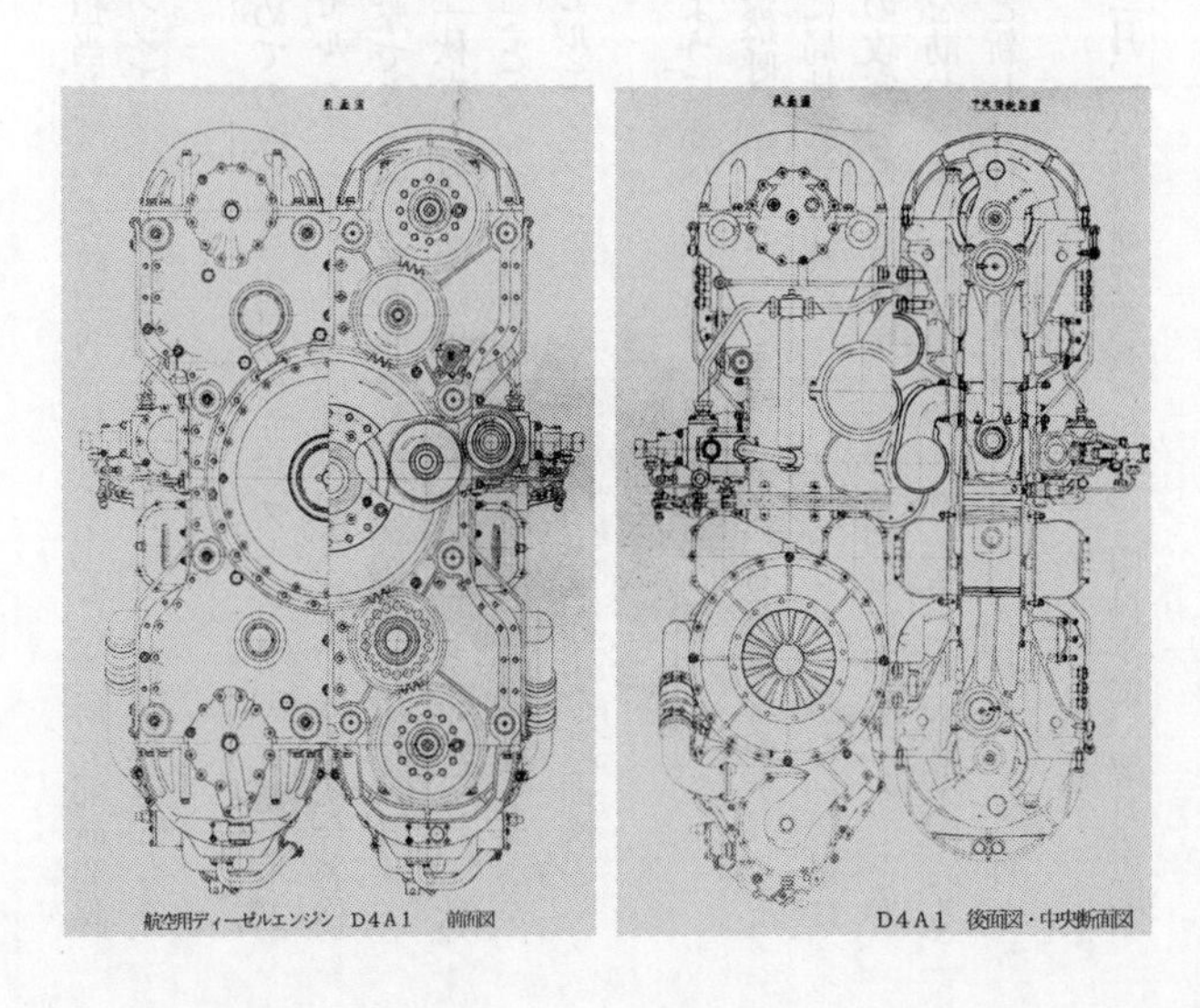
航空用ディーゼルエンジン　D4A1　前面図

D4A1　後面図・中央断面図

名研では、いままで航空ディーゼルを担当していた持田勇吉技師を中心に、研究部研究課ディーゼル係が原動機（ロケット・エンジン）設計を担当することになり、私は幸運にもその一員として参加することになった。

ディーゼル係はそれまで、世界ではじめての液冷H型複列対向ピストン（十六気筒三十二ピストン）式二千百五十馬力航空ディーゼル・エンジン「社内呼称D4A1、陸海統合名称ハ－80」（米軍航空基地サイパンを往復爆撃できる長距離四発爆撃機に搭載する）の設計試作を鋭意推進していたが、これを中断して「秋水」原動機に専心取り組むことを命ぜられ、秋水係となったのである。参考までに、いまとなっては貴重な筆者所蔵（終戦時の混乱のなかで紛失を免れたもの）の「航空用ディーゼルエンジンD4A1」総組立図および断面図の一部をP.30、31に図示した。

後年、持田係長は当時のことをつぎのように述べている。

『七月二十九日、名研稲生光吉所長に突然呼び出され、いま進めている重爆用のディーゼル・エンジンの試作を中止する。代わりに局地防空戦闘機用のロケット・エンジンの設計に即刻取り掛かるべしとの命を受けた。この攻守百八十度転換の命令を即座に理解することができなかった。その夜さらに所長の自宅を訪ね、ようやく頭を切り替え新しい決意を固めることができた。二日間で古い仕事の整理と新しい仕事への準備を行ない、八月一日からロケット・エンジンの設計に取り掛かった』

設計部隊は持田勇吉係長（昭和二十年二月、原動機研究課長）以下、田島孝治、望月卓郎、

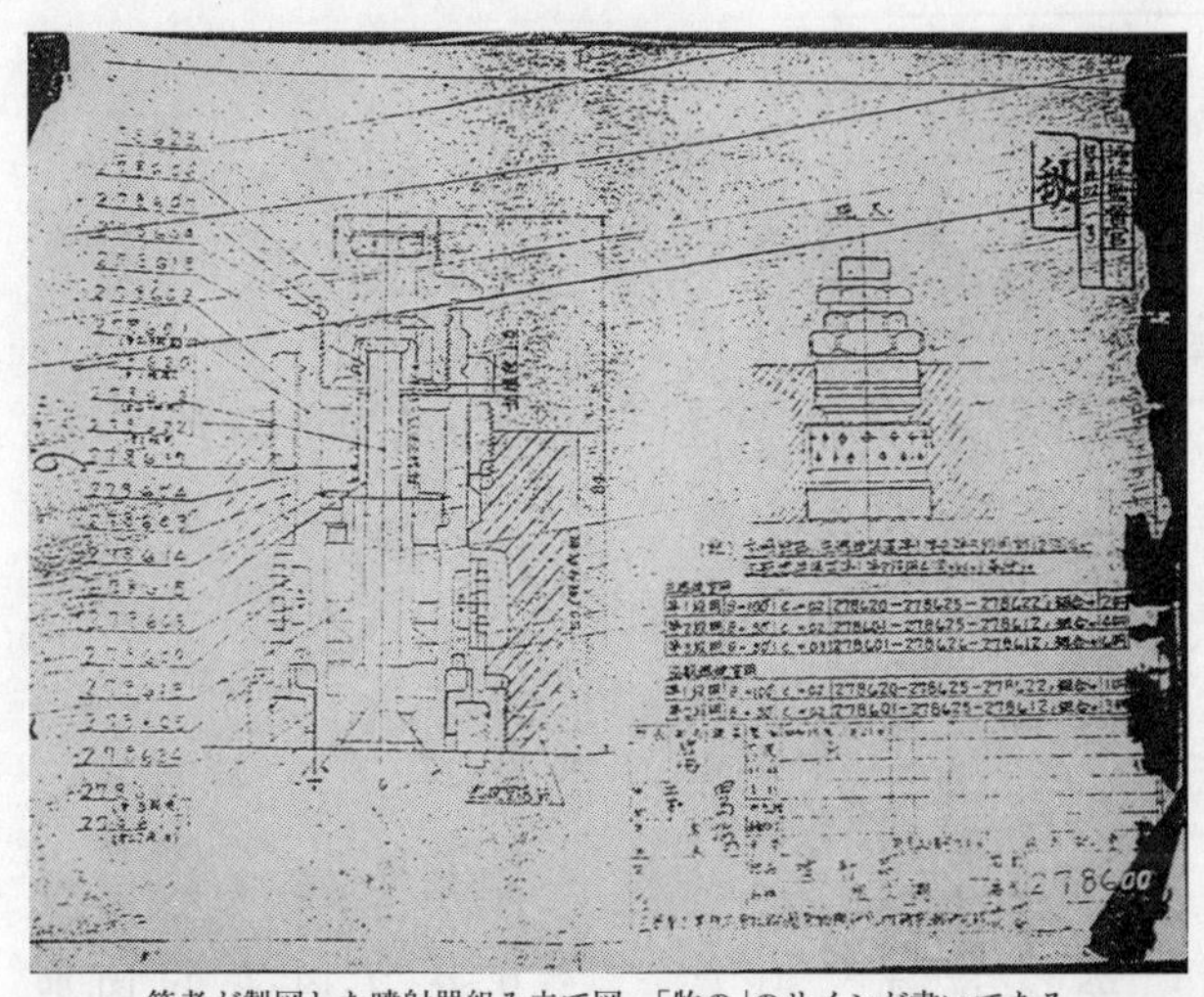

筆者が製図した噴射器組み立て図。「牧の」のサインが書いてある

川原田春夫、伊藤雄幸、多和田義一、牧野育雄、鈴木敏雄の総勢八名である。不完全な資料をもとに、係長がほとんど一人で摸索計算創造して画いた計画図、詳細図にもとづいて各メンバーが設計図を完成していった。

八月一日から二十日までほとんど不眠不休といった感じで設計をすすめ、主要部分の出図を予定どおりの二十日目に完了し、八月末には配管、架構などの全図面を完成した。製図板、T定規、三角定規、コンパスを使っての書いてはまた消しの悪戦苦闘の連続であった。

そして、九月下旬にはポンプ装置の試作ができ、実験に入った。いま考えても、驚異的な努力、集中力、精神力であった。かくして歯車装置、動力装置、調圧装置、調量装置、燃焼装置、蒸気発生器、噴射器、配管装置などが試作されていった。

P.33の図はこのときに筆者が製図した噴射器組み立て図であり、〝牧の〟のサインがわかる（註：終戦時にアメリカに渡った秋水の図面、資料が数年前に返還されて国会図書館に所蔵されているが、その中のコピーであると思う）。

田島孝治技師

しかしながら、後述のように薬液ポンプのT液用、C液用の遠心扇車式ポンプは、扇車外径約百ミリ、一万五千回転の超小型扇車で、T液六・二キロ／秒とC液二・一キロ／秒の大流量を約三十キロ／平方センチの高圧に上げる能力が必要であった。

このようなポンプはまったく例がなく、苦心に苦心をかさねたがうまくできない。そこで九州帝国大学の葛西泰次郎教授の指導を得て改良をつづけ、昭和二十年一月になってようやく性能を満足することができた。

このときのポンプ扇車の入口の軸流部の形状は、翼端を刃物のように鋭利にし、そこから幅の広い三次元に変化を持つ複雑な形であり、遠心扇車は細く長い流路になっていた。扇車側面の逆流を防止するためにこみ入ったラビリンスがつけられた。

担当の田島技師が懸命に設計製図されていた姿が、いまでも目に浮かんでくる。ポンプ扇車の詳細は第二章を参照されたい。

## 超小型高回転高圧遠心ポンプ

「秋水」の燃料液はC液といい、水化ヒドラジン三十パーセント、メタノール五十七パーセント、水十三パーセントを混合した比重〇・八七の液体である。これが着火遅れのため爆燃を起こすので、反応促進剤として銅シアン化カリを少量添加する。酸化液はT液といい、過酸化水素八十パーセントの水溶液、比重一・三六、安定剤として八オキシキノリンとかピロ燐酸ソーダとかを加えた。

T液とC液を送り出す超小型高回転高圧遠心ポンプ（薬液ポンプ）は、外径百ミリていどの遠心扇車で、毎分一万四千五百回転で、三十キロ／平方センチの高圧力を発生し得る液体ポンプなるものについての技術書や文献は、国内には皆無であった。日本で水ポンプについて最高の技術を持つ三菱重工神戸造船所・造機設計部を訪れてみたが、はるかに特性の低い蒸気機関車のボイラー給水用のウエアー型遠心ポンプが存在するていどであって、得るところは無かった。

この超小型高回転高圧遠心ポンプについては、のちに九州大学工学部機械工学の水力機械専門の葛西泰二郎教授の献身的な努力に導かれて、完成への道をたどることができた。遠心扇車や軸流翼車の鋳物を何十種類もつくっては、いちいち手仕上げで内面を滑らかにしたり、液体の入口の断面形状を戦後のジェット機の翼端形状のように尖ったものにしたりした。

遠心扇車の外径約百ミリの付近は、約三十キロ／平方センチで、主軸の外側に嵌められる扇車ボス付近は大気圧であり、両者の間は二十ミリくらいしか無い。ここからT液とC液が大気圧側に洩れ出すのを極力防がねばならない。このため、両扇車のそれぞれの前後に、細

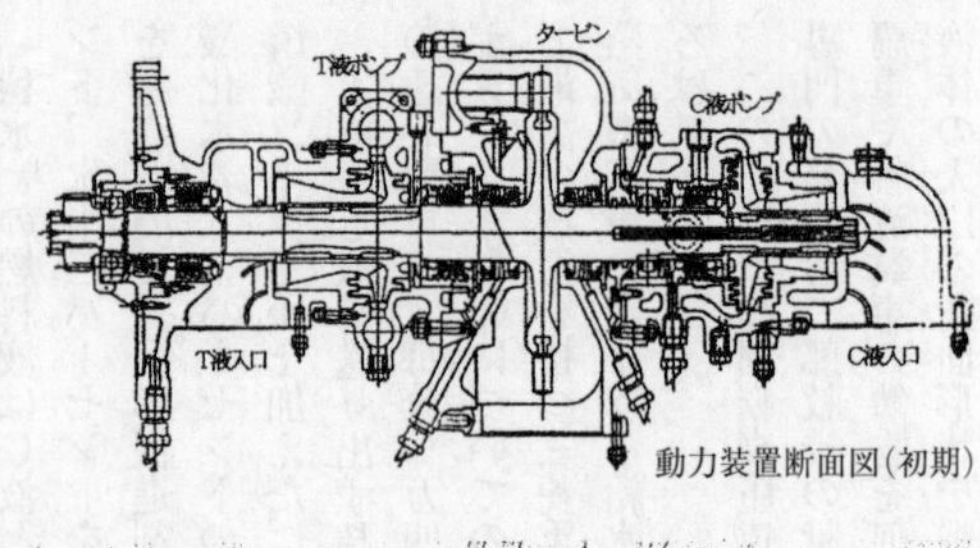

動力装置断面図（初期）

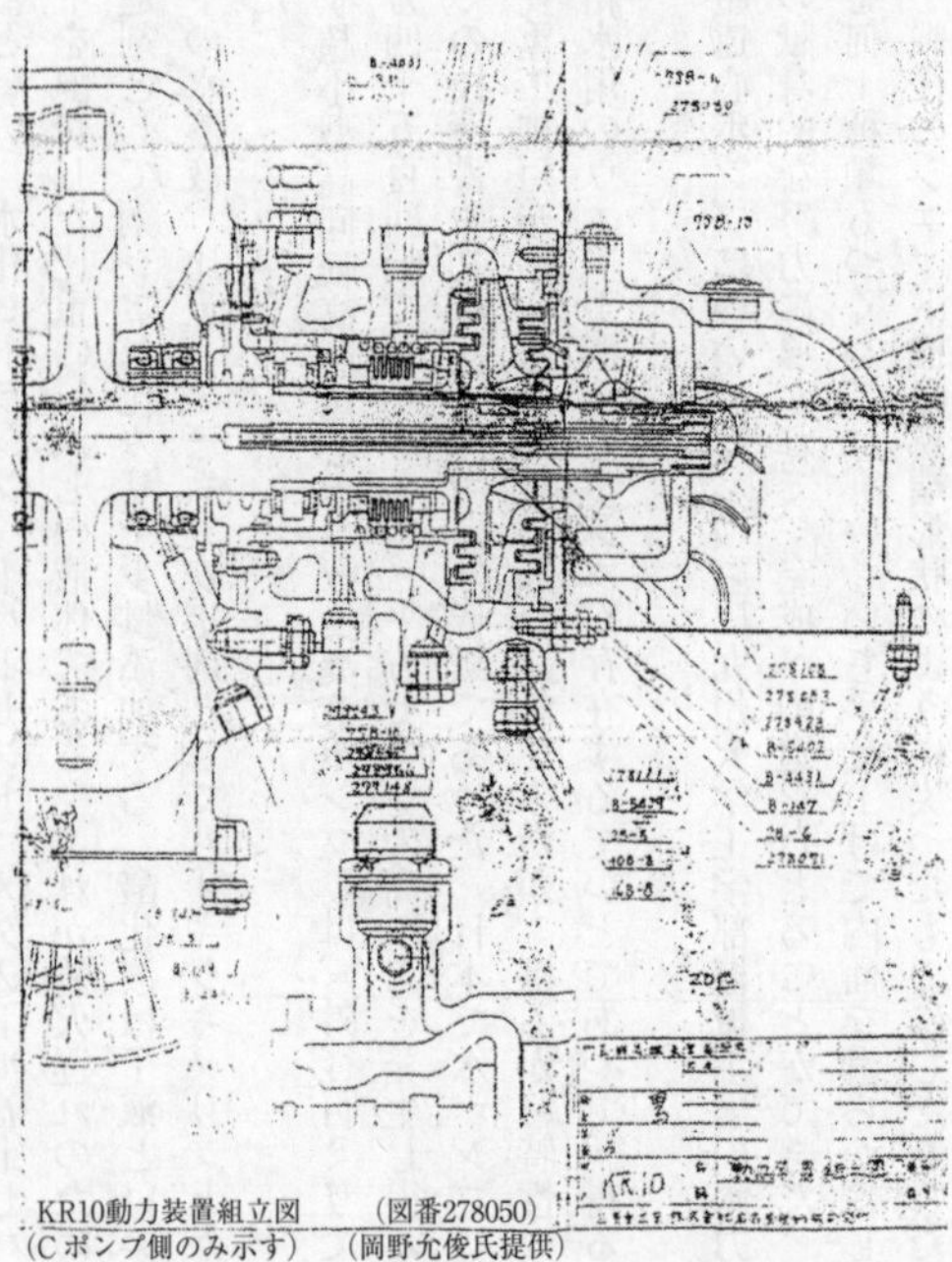

KR10動力装置組立図　（図番278050）
（Cポンプ側のみ示す）　（岡野允俊氏提供）

昭和20年１月ごろ秋水係伊藤雄幸氏製図、田島技師検図。
両氏のサインがわかる貴重な図面である

かい形状の円筒状のラビリンス方式を二組ずつ設けた。

遠心扇車の入口部に、軸流翼を置かねばならない。現今のファンジェットのファンのようなものであるが、その入口の角度を計算どおりにすると翼幅と流路幅がとれなくなる。そこで、入口角度を少し立てて、切り出しナイフの鋭利な片刃のように研いで、サージング発生の恐れのある側には片刃の凸部のない面を当てがう等々の苦心をかさねて、数ヵ月にわたって完成に一歩一歩ちかづいて行った。軸流式二段の予圧翼車を付け、遠心ポンプの入口はゆったりと拡げ、翼の形状、角度もなかなか洗練された設計が出来上がった。

遠心扇車の外周部と内部あるいはデフューザー部に生ずるキャビテーションの解決等々、性能向上とサージングとコロージョン排除のため、試行錯誤の積み重ねで苦心をつづけたが、ようやく年が明けた三月ごろ、所期性能を達成することができた。

## 水力学の権威が再設計したポンプ

秋水のロケット・エンジンの動力装置は、その主回転軸の両端にあるT液ポンプ扇車とC液ポンプ扇車によって、T液とC液を燃焼室に送り込む最も重要な装置である。

秋水係の設計したポンプの性能がどうしても出ないので苦労していたが、藤平右近海軍技術少佐が燃焼実験で長崎に滞在中、面識のあった水力学の権威、九州帝大工学部の葛西泰二郎教授にこのポンプの話をしたところ、ひじょうに乗り気になられ、全面的にご指導を願うことになった。

ちょうどそのとき、名古屋帝大に講義を持っていた葛西教授は、大幸の三菱名研三階の設計室まで出張指導され、ポンプの再設計をほとんど一人で担当して、試行錯誤の結果、ようやく所期の性能を得ることができたのである（ロケット・エンジンの詳細・動力装置の項参照）。

拙著『日本唯一のロケット戦闘機「秋水」始末記』を、私がかつてご指導を受けたことがある名古屋大学工学部春日保男教授に謹呈したあと頂いたお手紙によれば、当時やはり名大で、わざわざ九州から来られる葛西教授の講義を受けられたそうである。以下、春日教授のお手紙の一部を紹介する。

『〝秋水始末記〟を読んで、いままで想像していただけのところに具体的で生々しいデータの資料提供をいただき感銘をしました。一番不明であった動力系の図面は真に稀有で貴重な情報でした。（中略）関連事項のHⅡロケットのアポジモーターの作動不良のことは、最も問題の起こりそうな、米国でアンリヴィーラブルと称する設計手法に訴えているところ、そこが、秋水の弁に（半世紀前に）すでにあったことは非常に感慨深いものを覚えました。ポンプの設計に従事された葛西先生には学生時代から私は御世話になりましたが、昭和十九年の秋、御来名の折、名大で御講義を頂きました。当時、現名古屋城前附近にあった八重垣劇場の近くに御宿があり、先生にお目に掛りましたが、お話の途中、こうして講義などしてはいるが、じつは気持はそれどころではない。と厳しい告白をされたことを思い出します。

三菱の技師の方々には、持田技師、上甲技師ともども大変御世話になりました。立派な技術者の鑑のような方たちに接する機会のありましたこと、私自身、幸を感じる所一際です。云々（後略）』

春日先生は金属塑性加工学の権威であり、戦後、私がプレス加工の道に入り「薄鋼板による角筒の極深絞り」についてご指導を受けて以来、現在までご高配を頂いているが、葛西教授のみならず、持田さん、上甲昌平さん（陸軍航空審査部に居た技術中尉・三菱在籍）ともお知り合いであったとは、いまはじめてわかり、驚いたしだいである。

春日先生は、お手紙の中でご自身のことを「秋水に憑かれた者」と言っておられるが、ロケットに関して大層ご研究しておられる様であると仄聞（そくぶん）している。

また、少し前、元三菱重工㈱取締役松岡久光氏が新しく上梓された『日本初のロケット戦闘機「秋水」』の記事中に、当時松岡氏も九州大学にて葛西教授より水力学の講義を受けられていたと書かれており、いまさらながら人の繋がりの不思議さに感嘆する。めぐりめぐって不思議な人間の絆に感銘し、敢（あ）えてこの一文を挿入したしだいである。

## ロケット燃料「呂号薬」の話

ドイツのロケット戦闘機Ｍｅ１６３の資料を持った伊二九潜水艦が日本に到着する少し前、

海軍省は昭和十九年六月に、海軍艦政本部長を委員長として呂号委員会を設置した。呂号とは、ロケットのことである。

このロケット・エンジンは推進薬として、燃料に水加ヒドラジン他（C液）、酸化剤に八十パーセント過酸化水素水溶液（T液）を使用するもので、この二液をそれぞれポンプによって燃焼室へ別々に送り、噴射器から同時に噴射し、混合して瞬時に燃焼爆発させて高温高圧のガスを継続的に噴出する。この高速噴流の反作用でロケット機が推進するのである。

呂号委員会は研究全般の指導にあたり、推進機械のうち、ロケット魚雷「回天」は海軍技術研究所、ロケット機「秋水」は海軍空技廠がそれぞれ研究と試作にあたり、推進薬の研究は第一海軍燃料廠が、推進薬T液とC液の製造と拡充に関しては新設した軍需局特薬部が担当することとなった。「秋水」のT液は胴体に千百五十九リットル（千五百七十六キログラム）、C液は翼内に五百三十九リットル（四百八十五キログラム）収容されるが、この航続時間はきわめて短く六分半で消費されるので、多数の秋水を活動させるためには膨大な薬液の準備、備蓄が不可欠となった。

特薬部は陸海軍の予定所要量三千トンのT液用八十パーセント過酸化水素と、これに見合うC液用の水化ヒドラジンの製造計画をたて、強力に推進することになった。

当時、T液用過酸化水素を製造していたのは、江戸川工業所山北工場と大阪の住友化学春日出工場の二ヵ所で、三十パーセントの過酸化水素をそれぞれ月百二十トンと七十トンの製造設備があった。過酸化水素三十パーセント水溶液を八十パーセント水溶液にしなければならない。しかしながら、濃縮装置の設備は濃縮方法がわからないので雲をつかむ状態であった。

この大計画達成には、さらに多くの障害があった。なかでも電解設備の電極用白金の調達と、装置の構成材料である特殊陶磁器の製造、電解液の硫酸の大量調達などはきわめて困難な問題であった。

月産三千トンの濃厚過酸化水素を製造するためには、電極用に約千六百トンの白金を必要とし

「呂号陶器」白い管接ぎ手。常滑の路傍にて

「呂号陶器」大甕。常滑市民族資料館にて

たので、白金献納国民運動を起こして収集に努めるとともに、代用電極の研究もすすめられた。

これらの努力にもかかわらず、終戦時の生産能力は月百トンていどしかなかったようである。水化ヒドラジンは当初、実験室的規模であったが、第一燃料廠がアンモニアおよび尿素を原料とする製法を研究し、三菱化成、三井化学、朝鮮窒素、東亜合成などに工業的生産装置を建設させ指導にあたったので、これは順調にすすんで生産能力は月産百トンに達したようである。

過酸化水素の製造設備の構成材料である特殊陶磁器は、愛知県の常滑や九州有田などでつくられていた。

昭和十九年七月二十九日に海軍から常滑の小数の陶磁器業者に、ロケット薬液製造のための陶磁器製造プラントの生産命令が出されている。普通の陶器では過酸化水素で浸されるため、鉄分のない白い陶器を必要とした。丸呂とか呂号陶器と呼ばれたが、当時はロケットのことは極秘であったので、この白い陶器がなにに使用されるのかだれも知らなかった。

六十年経た今日でも、常滑の町を散策すると、そこかしこに当時の白色の呂号陶器の大きな丸い容器や角型の容器、細長い筒状の導管らしいものが散在しているのを見ることができる。

とくに取り扱いの難しいT液（八十パーセント過酸化水素）について、生産設備（電解槽、濃縮装置、大型容器等）、飛行場周辺の安全な大量貯蔵設備、運搬機器、保管庫など関連する機能が完備していなければ、秋水は飛ばせないのである。

## 東南海大地震と大空襲

三菱重工名古屋発動機の大幸工場は当時、四万人が働いていた。東西四キロの構内の東端に第三工作部を挟むように試作工場と工具工場があり、その近くに秋水ロケット・エンジンの噴射実験のため、厚いコンクリートづくりの試験場があった。

昭和十九年十二月はじめごろ、この実験場での試行的噴射実験を傍らで見学した。明るいオレンジ色とライトグリーンの縞模様の火炎がすさまじい轟音とともに噴出した。しかしながら、燃焼室内壁が高温のため溶解したり、噴射器のT弁の破断など多くの問題が発生し、その解決をかかえて前途多難が予想された。

十二月七日昼すぎ、工場北側の道路を歩いていたとき、なんとなく身体がふらつきだした。同時に向こう側の民家の壁が崩れ落ちてきた。これは地震だと急いで本館にもどると玄関の大水槽の水が波打って床上にあふれていた。M七・九で関東大震災よりも大きく、午後一時三十六分ごろ発生した、死者千二百人をだした東南海大地震であった。

大幸本館設計室の被害は軽微であったが、地盤の軟弱な各地で大きな被害が発生していた。秋水の機体を設計していた三菱名航大江工場は大きな被害を受けたが、図面類は無事で試作作業の遅れは最小限にとどめることができた。しかし、大江工場内の飛龍の機体組み立て工場は半壊し、新司偵を組み立てていた道徳工場は全壊した。

これより先、昭和十九年七月に日本の防衛線サイパン島が陥落し、日本本土空襲のための米軍航空基地飛行場が整備され、十月から十一月にかけてB29がここに集結した。最初の爆撃目標は、中島飛行機（武蔵、太田工場）、三菱重工（名発、名航）などであった。航空機生産の息の根を止めようとすれば、発動機工場を潰せばそれだけで充分であった。名発と武蔵が日本の航空機工業の二本の柱であり、日本の心臓なのである。名発と武蔵が第一の目標であった。

昭和十九年十一月二十四日、B29による初の東京爆撃で、中島の武蔵工場が狙われた。次いで十一月二十七日、二十九日、十二月三日、二十七日、一月七日と四月十二日までの八回の爆撃により、日本の航空発動機の二十七パーセントを生産していた武蔵は壊滅してしまったのである。

B29、三菱名発の大幸工場を襲う

東南海地震から六日目、十二月十三日がB29の名古屋初空襲であり、名発大幸工場が目標であった。警戒警報のあと、午後一時すぎ、空襲警報。大幸工場の上空に、東から西へ七十四機の大編隊が、高度一万メートルで第一波、第二波と少しの間隔をおいて殺到した。東西に長い大幸工場は、徹底的に爆弾で破壊された。

秋水係は三階建本館と正門の間、東寄り材料試験棟の前に、あまり隙間もなく並んで構築された半地下式の防空壕に、警報と同時に退避した。

一基の壕には十名以上がぎっしり詰め込まれ、夢中で息を殺していると、隣の壕に直撃したような凄まじい爆音と振動と壕内一杯の砂煙に、みなが頭をかかえて伏せたとき、私は伏せるのがおくれて上半身を立てた姿勢で周囲を見廻していた。が、この壕にいた持田係長以下全員は無事であった。

波状空襲の間を狙って壕の外へ出る。隣の壕のあったところはすり鉢状の直径十メートルほどの穴があいていた。ぐずぐずしてはおれないので、破壊されたガラス、スレート、土砂の間を通り、すぐに門を出て北方へ脱出する。つぎの敵編隊がちかづくのを尻目に、矢田川の浅瀬を北へ渡ってどんどん長母寺ちかくまで歩いた。

「被爆体験談」として、名研工作技術部第一設計課の可知技師の記憶を紹介する。

『昭和十九年十二月十三日、初冬の空は快晴、清々しい日和、これで戦争さえ無かったらさぞ快い一日であったであろう。しかし、事実は決して快い平和な日和ではなかった。

サイパン島陥落以後、急激に戦況は不利に傾いた。サイパンを航空基地とする米国空軍の渡洋爆撃がはじまることは目に見えていた。米軍の本土空襲はすでに十一月二十七日から東京および太田の中島飛行機工場の爆撃が三回にわたって行なわれていた。しかし、それはいずれも小数機で被害は少なかったとの報道であったので比較的落ち着いていたが、それでもこの次は我々の所へとの不安感はあった。

このころ我々の所には不吉なことが相次いで起こった。十二月七日の東南海地震はM8の強震で、三菱名航道徳工場、中島飛行機半田工場などが大被害を受けた。三菱名発大幸工場は地盤が良いのと耐震構造の建物が多いので案外に被害が少なく、生産作業は少時間停止したのみで再開した。なんとなく不吉な予感がしていたところ、この四日後の十一日に大幸工場の東北地区で大爆発音が起こった。これは開発中のロケットの燃料庫の爆発であった。このころ試作工場では秘密兵器ロケット・秋水エンジンの開発試験中で、この数日前に試作エンジン一号機の燃焼試験が成功裏に行なわれ、将来の希望が見えたと喜んだ矢先の事であった。さらに、三菱大幸工場をどん底に落とし入れた大不幸は、この二日後に起こった。

十二月十三日正午すぎ、名古屋地区に向かってB29の大群が飛来中との情報が中部軍管区より伝えられた。いよいよ来るかと思ったが、まさかその第一発の槍玉に挙げられるのが、我々であろうとは、夢にも思わなかった。午後一時ごろ、名古屋市東部に到達との報道、そのうちに東南の方向で高射砲の音が聞こえはじめた。空を仰ぐと来た、来た。東方の上空に十機ほどの編隊を組み銀色の翼を輝かせて四発の大型爆撃機B29が真っ直ぐにこちらへ向かって飛んでくる。空爆の時は四十五度の角度の上空に来たら避難せよといわれていたので、我々は覚悟をして防空壕に飛び込んだ。

いよいよB29の空襲、爆弾投下。空爆とはどんなものか全く知らない不安と恐怖におびえながらその時を待った。壕の入口の板戸の隙間から外の音は聞こえてくる。爆音がしだいに大きくなってくると、そのうちにゴーゴーと音がしてきた。はじめて聞く音だ。爆弾の落下音である。音がしだいに大きくなって、次いでその音がシューシューと聞こえるようになった。至近弾である。間もなくチュチュという物を絞り出すような音、大砲の発射直後に砲弾が空気層を破って行く時の音に変わった瞬間、ドカンときた。空襲の第一撃を至近弾として受けたのである。

轟音とともに一瞬、壕の土台から座ったまま跳ね上げられる。頑丈であったはずの壕の板壁が無造作に壊れ、土砂とともに崩れて腰から下にかぶさってきた瞬間。物凄い大きな圧力を感じた。それ以外なにもわからない。一瞬の事である。引き続いて数秒間、前後左右、大轟音、大衝撃で揺り動かされた。必死に耐えるだけで無我夢中、時のすぎるのを只管（ひたすら）祈った。

一群の爆襲が終わって静かになった。目を開けてみると丈夫であったはずの天井は吹き飛び、無残にさらけ出された天井板の破片、土塊の間にぽっかり開いた大穴から、澄んだ青空が見えた。我々の壕は半壊していたが、直撃弾を間近に受けても幸運にも助かったのである。同じ壕の仲間はいくらかの傷を受けても全員生命に別状は無かった。それぞれに身辺の土を掻き、助け合って壊れた壕の入口から這い出した。驚いた。すぐ目の前に直径十メートル余の大穴が開けられ、この周囲の端が我々の壕にかかって壕を潰したのである。

隣の第二壕は、同じく半壊、第三壕よりひどい。さらに第一壕は完全に形をとどめない状態に破壊され土塊に埋もれている。第四壕は少し傾いただけで無事、周辺は爆弾の穴だらけ、周囲三十メートル半径の範囲内に数発の二百五十キロ爆弾を受けたのである。もちろん周辺にあった倉庫群は吹き飛ばされ惨憺たる状態である。壊れた壕に埋められた人の救出をしなければならない。我々は必死になって破壊された壕を掘った。

B29の編隊爆撃は十回ほど繰り返された。編隊が来るたびに、壕に退避し、爆弾の激震を恐怖に慄きながら通りすぎるまで必死に耐える。通りすぎるとまた飛び出して救出作業をつづける。爆撃は二時間ほどつづいた』

可知技師の話をもう少しつづける。

『秋水の持田技師と一高、東大同期の谷泰夫技師はこの日、私の隣の壕に居て直撃弾を受け爆死された。壕の中にいた全員が全滅したらしい。爆撃の合間を見て潰れた壕を掘り、谷さんを救出し手をつくしたがだめであった。谷さんの親友モッチャン(持田さん)が「谷くんを助けよ」と悲痛な叫び声をあげていたことは今でも忘れられない。惜しい人を失ったものである』


可知さんは当時、工作技術部第一設計課第二係長で、新機種二千馬力エンジンA20の鋼製クランクケース(九気筒複列)加工用トランスファーマシンの設計をされていた。谷さんは同じく第四設計係長で、米国グリーンリー社のトランスファーマシンを模製試作中であった。谷さんの設計した工作機はムカデと渾名され、長い移送ベッドの両側に多数のドリルユニットを配し、シリンダーヘッド十数個を移送しながら連続して孔明け加工するものであった。この二つの工作機は十一月に完成し、A20エンジンの製造を待っていた。ところが、十二月十三日の空襲でともに完全に破壊されてしまったのである。

工作技術部は本館二階、筆者も同じ建物の三階にいたけれども当時は面識は無かった。奇しくも平成六年から七年に名古屋市高年大学で可知さんと同級になり、机を並べて以来、十余年の畏友であり先輩でもある。


この日の空襲によって大幸工場は被弾二百八発、死者二百六十四名という甚大な損害を被った。日本の航空発動機の六十パーセントを生産していた最大の工場が壊滅したことで、その後の日本の航空機生産に重大な蹉跌(さてつ)をきたすこととなった。

さらにその後も十二月二十二日、二十年一月二十三日、三月三十日、四月七日と空襲され、単独で五回も空襲を受けた工場は日本で唯一であるといわれる。

四月七日の爆撃で、B29百五十機の六百二十三発の爆弾によって、大幸はついに修復不能となって壊滅した。発動機の生産は、十九年十一月、三機種で千八百基であった。三月はわずか百二十九基、四月は十五基だった。五月はとうとう零になってしまった。

## 追浜の海軍航空技術廠へ

秋水のロケット・エンジンの噴射実験は厚い防爆壁を隔てて行なうのであったが、この空爆で破壊され、実験室の使用が不可能になってしまった。

被爆の翌十四日、持田係長は、たまたま、原動機噴射試験立ち会いのため名研にきていた空技廠発動機部の藤平右近技術大尉と相談した。その結果、空技廠が追浜に建設したロケット噴射実験場を使用させてもらうため、さっそくその日の午後発、地震で東海道線が不通のため中央線夜行列車で追浜に向かった。二十時間かかってやっと空技廠にたどりつき、使用許可を得、秋水開発グループ全員の追浜移転となった（この時、持田係長は、常務の深尾淳二の許可を得たが、秋水原動機を担当する陸軍の了解をとることをしていなかった）。

そして、持田係長ほか九名が航空技術廠に初入廠をしたのは十七日の午後のことであった。翌十五日夜遅く、中央線経由、全員立ちっぱなしで品川に着き、窓ガラスのないぼろぼろの京浜電車に乗り換えて追浜に到着した。同行第一陣、私ほか八名であった。

一方、試験機、実験機器などを満載した秋水係のトラック八台は二組に分かれて十六日に名研を出発し、十七日に到着した。三谷技術少佐のひきいる陸軍武装部隊が、十八日、三菱社員の入門を実力で阻止した事件があった。秋水原動機の主導は陸軍であり、海軍空技廠の中でやるのはけしからん、ということである。

そこで持田係長は、名研に在籍のまま陸軍航空審査部にいた上甲昌平中尉を介して、単身立川に行き、陸軍技術研究所長絵野澤静一中将に陳情し、了解をとって一件落着した。

ここで空技廠の門前で三谷陸軍技術少佐が銃剣を構えた武装部隊をひきいて三菱社員の入

門を実力阻止したことに関してのみ補足すれば、戦後に書かれた秋水の諸文献には、十八日に八台の三菱トラックが立ち往生した云々となっているが、当日の私の作業日記には入門阻止の記録は無いし、十二月十七日午後には持田技師以下、秋水係の十名ほどは、すでに空技廠に初入廠しており、十八日午前にはトラックの荷下ろしをしていたのである。

最近に制作された『秋水』のＶＴＲ（註1）に、当時の横須賀航空隊に居られた呂号委員の広瀬行二海軍大尉の談話があるが、それによれば、「航空隊と空技廠の正門は向き合って位置しているが、その門前でそのような事件はありえないし、もしあったとすれば、大問題になったはずである」ということである。持田さんが立川の絵野澤中将に面会し、三菱秋水係が空技廠で作業をする諒解を得たことはあったが、三谷少佐による三菱社員の入門を阻止した事実は疑問である。

（註1：『幻の有人ロケット「秋水」国産有人ロケット開発の全貌』前・後編、二巻。〈有〉西東京ＩＴサービス発行）

秋水係の「作業日誌」から

十二月十三日から三十一日までの私（筆者）の作業日誌は、つぎのようである（原文のママ）。

『十二月十三日

三菱発動機空襲サル

十二月十四日

跡片付ケ　疎開ノ話、疎開準備、

午後三時持田技師　大曽根発中央線ニテ東上、追浜先着、

十二月十五日

疎開整理。午後、警戒、空襲警報アリ

午後十一時一〇分発　田中、三浦、鈴木、村瀬、待鳥、伊藤、山本、栗山ノ諸氏ト共ニ先発ス（中央線）

十二月十六日

十二時過新宿着、十五時半頃追浜寮着、休養、午後六時半就寝入浴、

本十六日朝、トラック隊出発。

十二月十七日

十時起床、午後　持田技師他九名　空技廠及航空隊ニ初入廠、見学準備。

本日夕刻、第二陣　工員4名トラック四台（職員3名工員4名）着ス。

十二月十八日

朝八時、係長ノ話、九時頃入廠、トラックノ荷下シ、十二時半頃警戒警報、十三時頃空襲警報、山ノ横穴防空壕ニ入ル。十三時半解除。名古屋地方　70機内外ノB29ニテ来襲サルトノコトナリ。　入浴、夜　警報ガ入ル。昼食費4円88銭

十二月十九日
八時出廠セリ、仕事ハ到ツテ閑散ナリ。入浴シテ八時寝ニツク。
十二月二十日
0時50分頃　警報ガ入ル。
八時半出廠ス、夏島運転場ニテ組立。夜、九時過　警報。
十二月二十一日
午前中　閑散、午食ハ職員食堂（本日ヨリ）ナリ。午後、二科製図室跡片付ケ整理。十
三時半頃ヨリ夏島ニテ　閑散ナリ。以後二科ニテ整理少々。夜　入浴、九時寝、夜警報。
十二月二十二日
朝、八時半入廠、ＫＲ部品ヲ　リストニヨリ整理調査。
十二月二十三日
夕六時、追浜寮出発。
十二月二十四日
午後二時、三菱着。〔名研〕
十二月二十五日
名航出張、パーカ接手　受取。
十二月二十六日
準備。午後十時、家ヲ出ル。

十二月二十七日
0時4分名古屋発。九時三十分追浜寮着。
夜　田島技師、伊藤技手ハ広ニ出発ス。（小栗技師ハ後発）
十二月二十八日
「歯車装置組立図」ヲ書ク。（回転計取付部改正ニヨル）小栗技師出発、木村組長他帰ル。
十二月二十九日
歯車装置　続
十二月三十日
歯車装置組立　完了。訂正少々。7時半帰寮。
十二月三十一日
出廠。午前中ニテ　訂正完了シタ』

海軍空技廠にいる間、秋水係は三菱重工が借りた追浜の旅館に全員宿泊していた。風呂はなく町の銭湯へ入りに行ったが、脱衣場は足の踏み場がないくらいで、浴槽の湯も少なく芋を洗うような状態であった。そこから空技廠に出勤、設計器具と試作機、実験設備などを整備し、年末も年始もなくぶっつづけに作業を行なった。

ただ、食糧事情は一般ではたいへん悪い時代であったが、海軍だけはまったくの別天地で、秋水係一同、豪華な食事が供与された。ただし空技廠へ入ったはじめの数日は、だだっ広い工員食堂で「カネの茶碗に竹の箸の一膳飯」というお粗末な食事であったが、なぜか突然、判任官食堂に変更され、一応満足する待遇を受けるようになったのである。

以下に、昭和二十年一月の私の作業日誌から、三菱秋水チームの追浜における仕事情況の一端を抜粋してみる（原文のママ）。

『昭和二十年一月一日　月曜日

決戦下　新春を　ここ海軍航空技術廠に迎える。二十年来初めての極めて意義ある元旦である。平常と何ら変化のない本当に暦の上だけが正月である。

午前六時三〇分起床。今暁警戒警報あり。昨夜から三度発令された。横浜は空襲されたようだ。本日天気は曇天、日の光を見ざるも午後は快晴となる。

本元旦と言えども海軍航空技術廠に出る。朝、寮で餅を一個食べた。さくい餅であった。今朝、夏島にて　新年祝賀式が行なわれた。宮城遙拝、黙祷、君が代斉唱、三谷陸軍技術少佐挨拶、持田技師挨拶、天皇陛下万歳、運転場神様拝礼で式を終わった。夏島運転場に於いて「KR総合調量試験」の計測をする。昼食十二時、後、夏島の浜辺で烏貝を焼いて食べる。偶々、このとき「秋水」が完成した暁には実戦部隊の要員になる、多数の秋水部隊隊員が居た。この人達と海岸で採った真っ黒な、からす貝を、焚き火しながら焼いて食べた。

航空隊では宴会の歌声など聞こえ、酔っ払った水兵が水道で頭を冷やす者があるなど、正月らしい風景である。幸に敵襲はない。午後五時半計測を終わり空技廠で夕食。寮に帰って祝宴の準備。服部技師遅刻のため七時半頃より開始。豆、昆布、かしわ、魚（干物）あり。酒、ビールあり。宴進むにおよび三谷陸軍少佐の歌より余興いろいろ出る。九時半お開き。部屋に帰り三浦、多和田、香村、鈴木の諸氏とトランプをする。みかんを沢山食べて、十一時寝につく。元日はこれで終わる。

一月二日晴　寒冷なり　夏島運転場までマラソン。敵機を見ず。安泰であった。

午後、係長から「KR巡航燃焼室」（巡航燃焼室はロケットの航続距離を延ばすため主燃焼室と別に小型の燃焼室を設けるもの）を設計する話があった。ただちに検討し始める。

（註：戦後、他の文献に、陸軍が立川の航空技術研究所で独自かつ秘密裏に秋水の航続距離を延ばすため「秋水改」略称「キ二〇二」の新設計を行なっていたとあるが、空技廠の中で一月から、われわれ三菱秋水係が取り掛かっていたのが真実である。試作機の完成は無く終戦を迎えた）

一月三日晴　今朝は寒気劇しく水槽の氷厚し。八時半出廠。前日に引続き「子燃焼室」検討図を書く。夕方までに大体ものにする。部品図をそろそろ始めねばならぬ。

一月四日　巡航燃焼室の部品図設計を始める。内筒計四枚書く。夕方、香村氏と二人で追浜飛行場の一隅にある撃墜されたB29の残骸を見に行く。垂直尾翼はその驚くべき巨大な残骸を留めていた。

一月五日晴　巡航燃焼室部品図設計進行中。名古屋市内が去る三日爆撃され相当な火災があった由、この為、私と木村組長、井上工員の三名が社員の罹災状況を調査する為帰名することになった。二十三時十六分発に乗り東海道を一路西へ。
一月六日　十一時前、名研出社、試作工場で部品受取、歯車装置組立図を伊藤技師経由川崎技師に渡す。成田課長に報告、庶務打ち合わせなどしてから、午後四時半出門。愛知一中へ、燃焼装置組立図のトレースの指導指示をした。
一月七日晴後曇り　七時半出社。課長の出社を待って訂正要領に印を貰い十時出門。罹災状況調査の為、伊藤正夫の家（熱田区切戸町）、試作の某君（西区上仲町）の家を訪れた。いずれも無事であった。切符を買って二時半頃帰社、成田さんから持田さんへの手紙と、田中技手の依頼品を持って帰宅。午後五時頃より吹雪になる。夜、空襲警報二回あり。
一月八日晴　大詔奉戴日　名駅午前四時九分発（100分遅れ）横浜午後四時十五分着。出廠して持田係長に出張報告。
一月九日　巡航燃焼室、先日持田技師より訂正されたように書く。午後二時頃　空襲あり。貝山に逃避する。貝山の地下に掘られた防空壕は凄く大きいものだ。壕の途中に空気抜きの穴が上の方に開いており、そこを上がって行くと山の頂上附近に出る。偶々、其処を登って開口部に出てみた処、驚くことに上空では零戦と米グラマンが数機、激しい空中戦をやっているではないか、思わず息を呑んだものである。三時十五分解除。巡航燃焼室は大体書き終わる。あと付属品を残すのみ。
一月十日晴　巡航燃焼室底板を書く。山口氏、木村組長は山北へ出張、伊藤雄幸さんは午後海軍第一燃料廠へ出張した。夜八時、警戒警報発令。

一月十一日曇　寒い。巡航　流入管取付フランジ、C放出弁の部品図作成。本日空技廠の十二月分食費七円七〇銭を払う。（夕6回@50銭昼10回@45銭）

一月十二日晴　巡航燃焼室組立図に着手。内筒、外筒など大体の輪郭を書く。部品図は空技廠の高橋工手および試設の竹下氏に頼む。（本日第一試設の鈴木大幸、竹下の両君が応援に来られる）伊藤、多和田氏は徹夜する。夜半地震あり。

一月十三日　巡航燃焼室組立図進行中。

一月十四日（日曜日）晴　この頃漸く生活に慣れ朝までぐっすり眠れるようになった。悠々起床して食事後、駆け足で登庁する。巡航燃焼室組立図進行中　定時（五時）退廠』

## 原動機の全力運転に成功

一月十五日には、午後から夏島実験場にて、KR10の「火入れ」をする予定となり、設計の一同も見学を命ぜられたが、いろいろ準備のみで夕方となり、明日に延期となる。一月十六日の午前、ようやくタービンポンプを使用する全制御装置を組み合わせた第一段燃焼薬液試験（噴射器二個）は成功した。前途がやや明るくなってきたようだが、午後に第二段（噴射器六個）をする予定であったが、これは調子が悪く水試験のみで終わった。

本日は相当の成果が上がったので、夜、追浜寮にて、成田豊二課長ご持参の紅茶と乾パンで関係者一同、愉快に懇談をした。

分力試験成功を経て、持田勇吉、服部益也、三浦克之、小栗正哉技師らの秋水実験チームの手により、ついに昭和二十年一月十九日、追浜夏島の空技廠ロケット実験場で、はじめて秋水ロケット原動機の完全装備状態での全力運転を実施することができた。午前中に第二段の試験をしたあと、午後に第三段（全力・噴射器十二個）に移る。陸軍、海軍、三菱重工の関係者立ち会いのもとに、北方の海を越え、横浜に向かって轟然たる響音と、オレンジ色とライトグリーンの「虎の尻尾」と命名された火炎とを噴出して、所定の推力を発生し、試験は成功裏に無事終了した。五時ごろ寮に帰った。持田係長は本日の試験成功の挨拶を行ない、一同、感涙に咽（むせ）んだ。

翌二十日も前日と同様の燃焼実験を行なった。今日は、陸軍技術研究所より絵野澤静一中将、海軍空技廠長和田操中将が立ち会いに訪れた。午後、一、二段実噴射試験を行なう。このあと絵野澤中将より訓示があり、五時に寮に帰った。

この日の夜、待望の秋水原動機全力噴射試験の達成を祝して祝宴が開催された。この宴には、最初からこのロケット・エンジンの開発に係わっていた、海軍空技廠の藤平技術大尉（のちに少佐）、伊藤部員、陸軍の三谷技術少佐と、薬液ポンプの設計指導に尽力された九州大学の葛西教授も列席され、三菱の成田部長、持田課長以下、設計、実験チームメンバーとともに、絵野澤中将が持ってこられた清酒一本を酌み交わして、いままでの苦労がようやく実りかけたことを喜びながら歓談したのである。

ここで、このことを記した筆者の作業日誌を挿入する（原文のママ）。

『一月十五日（月）晴

8時登廠、午前中持田氏の仕事、試験方案等の写し。

本日午後、「KR・10型」の火入れをなす予定と聞く。一同（設計係）見学を命ぜらる。

玉成を期す。成田課長、午後来廠す。十九日までの予定と聞く。

三時半頃より夏島運転場にて計測（推力）を見る。準備のみにて実際の液を使用せず。夕

食後少々たって又、運転場へ行く。何もせず帰る。7時40分又二科に帰る。8時過ぎ出廠す。

一月十六日（火）晴

登廠。直ちに設計一同夏島運転場に行く。我一人、空廠の三名に連絡のため、二科に行き、

持田氏の仕事少々する。九時頃夏島に至る。午前中「水試験」の後、第一段燃焼薬液試験を

なす。相当の成果を得る。十二時過ぎ昼食す。午後二速をなす予定なりしも調子悪く、水

試験に終始す。予は推力計測なれば、午後、何もせず火にのみあたる。

夜、7時出廠。帰りて、成田課長携行の紅茶に乾パンに一同集合して大いに和す。課長、

三谷陸軍技術少佐、藤平海軍技術大尉ら同座す。余興あり、九時半散会。夜半過ぎ地震かな

り激しきものあり。夜明けまえに警報が入る。

一月十七日（水）晴

七時半登廠す。本朝は課長が居られるので早く起こされる。

「巡航燃焼室」整理、リスト作成等々す。夜八時半帰寮す。警報が入る。

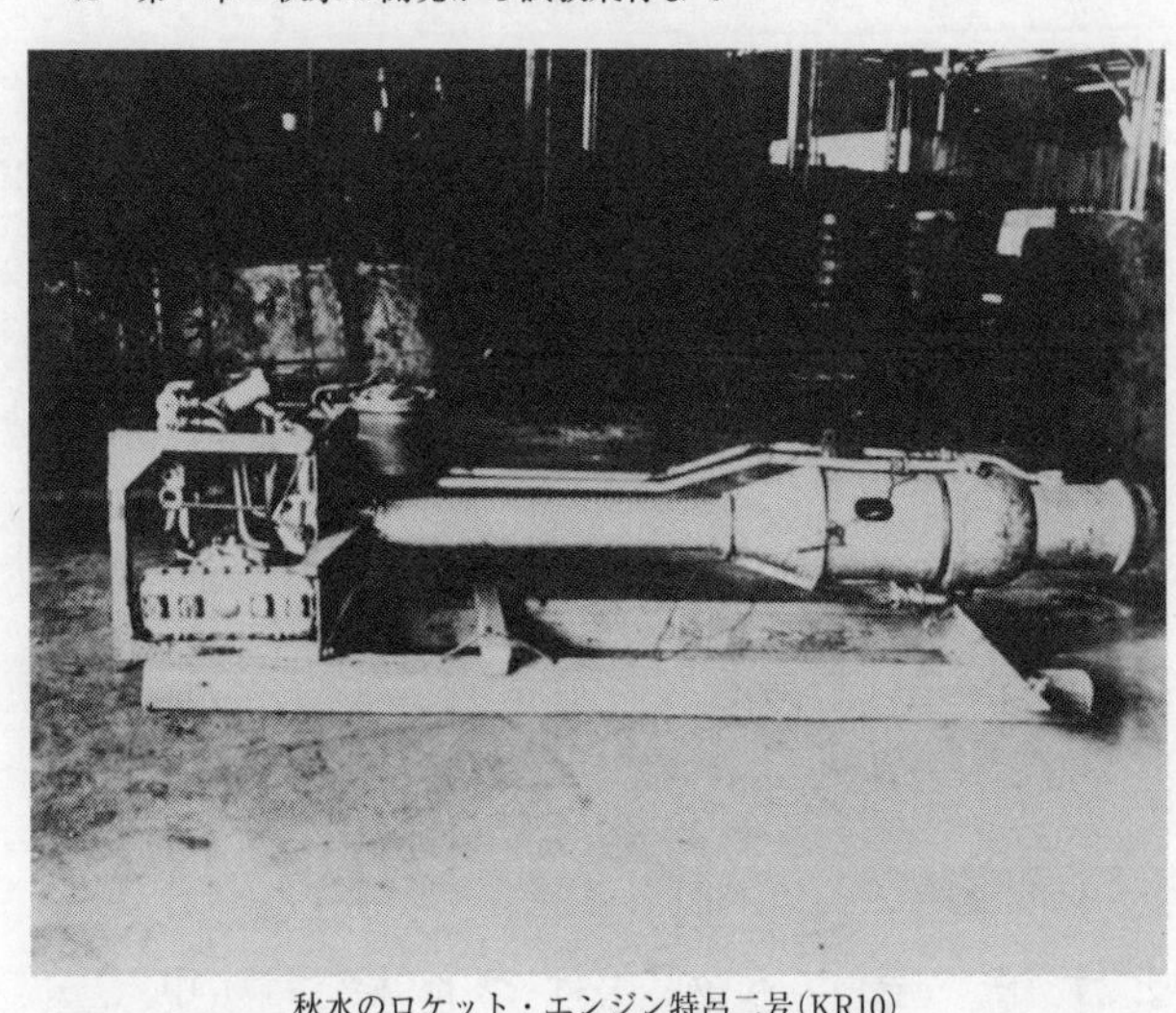

秋水のロケット・エンジン特呂二号(KR10)

一月十八日（木）

朝より猛烈に寒気が厳しい。食事を済ませ8時前に出廠。リスト整理その他をなしたり。

午後、「諸管装置」のパイプ取付検討をし　部品を書き始む。

三時四〇分より運転計測の手伝い、水試験をなす。愈々明日待望の火入れなるものの如し。五時半食事をし、以後二科にて設計の続きをなす。寮にても夕食す。

一月十九日（金）晴

午前より夏島運転場に於いて、「秋水燃焼実験」をなす。第二段午前中、良好なる成績にて了る。午後、第三段をなしたるに良好なりし。5時頃終わって帰寮す。持田技師挨拶にて泣かれり。八月以来の苦労、ここに結実したるなり。

更に巡航燃焼室あり、調圧弁使用の実験あり。前途多難を思へど先ず一段落なり。

一月二十日（土）晴

前日と同じく燃焼実験。陸軍技研より絵野沢中将来り、海軍空技廠長和田操中将来る。午前中、秋水準備のみにて燃焼実験に到らず。

〇大（マル大）の実験（特攻機桜花の噴射試験）を手伝ふ。

午後、一、二段実噴射試験をなす。終わりて絵野沢中将訓示あり。5時帰寮す。夜食後、広間にて、成田課長、三谷少佐以下、海、藤平部員、伊藤部員、葛西教授らと絵野沢中将よりの酒にて歓談す。実験関係職、工員は今夜発って帰名、二十四日朝まで休暇なり。皆喜んで帰るなり。設計及び工員少々残りて仕事を続ける予定なり。

一月二十二日（月）晴

伊藤さんと田島さんよりKR—量産用の図面の整備を命ぜらる。専ら量産用の訂正等をなす。午後、組立図整備。夕、警報あり。夜中にも警報あり。

一月二十三日（火）晴

「巡航燃焼室部品図」整理を午前中行なう。午後食事后、1時半まで日向ぼっこをなす。

一月二十四日（水）晴れたり曇ったり

八時前登廠。午前中何とはなしに過ぎたり。午後、調量装置組立を始める。

本日、夕食は5名に対し10名あり。止むを得ず2人前を食す。腹がはちきれそうである。こんな馬鹿な真似は今後絶対せざるべし。されど、自分の食べ得る最大限度を知り得たり。

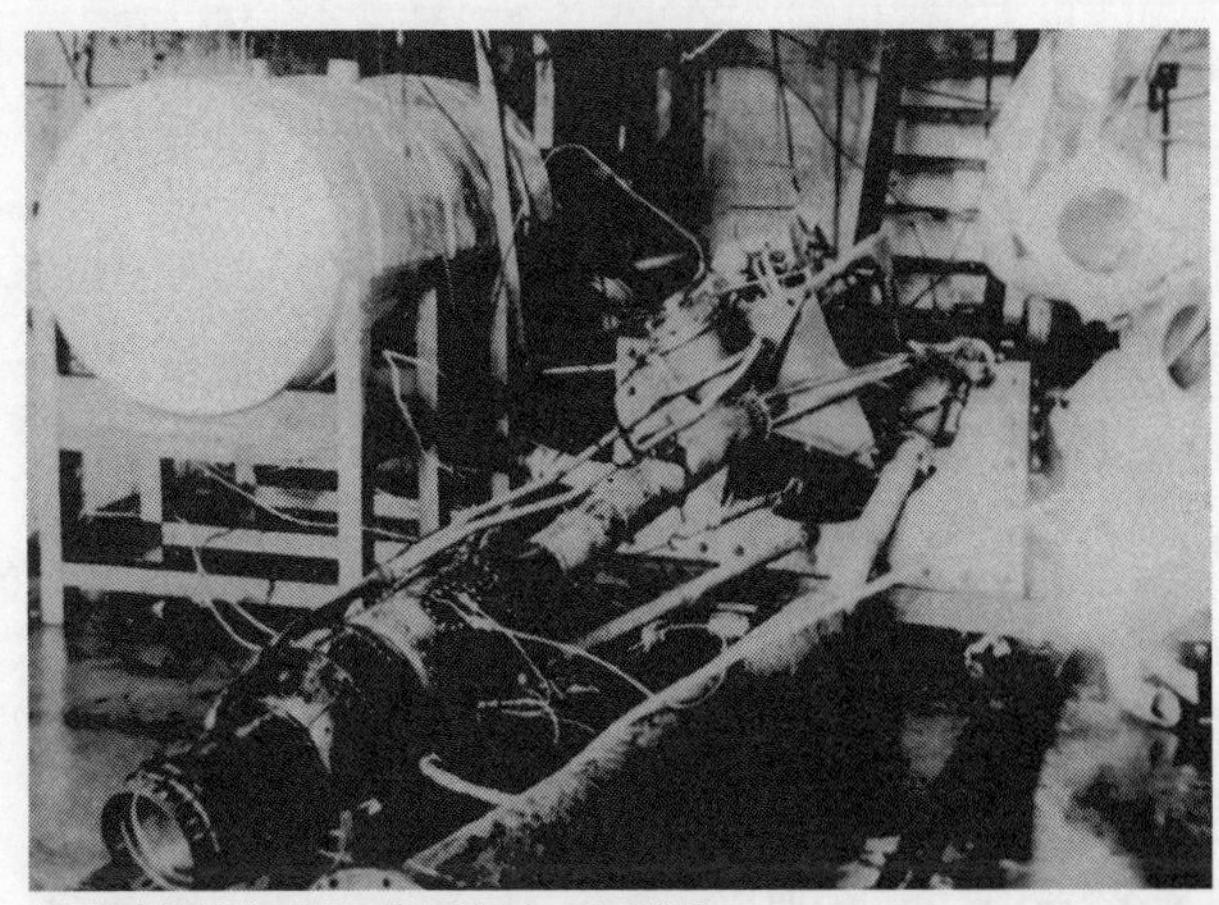

海軍航空技術廠・追浜の「秋水」ロケット実験場。
昭和20年２月ころ、噴射開始直前に爆発事故を起こしたときの写真。Ｔ液タンク（写真向かって左）からの導管接手からＴ液が漏れ、実験場床上の有機物か油脂かＣ液かと反応して発火し、Ｃ液タンク（写真右）が破裂した。ロケット本体は取付台から外れて傾いたが被害なく、人員も無事であった。（この写真は持田勇吉氏から筆者が受領したものである）

無い時にはないが有る時はある。本当にままにならぬ。

一月二十五日（木）晴

八時登廠。望月氏より山北行き（註：神奈川県内山村山北、空技廠山北出張所、噴射実験場を準備中）を言い付かる。三浦氏と宮西氏と3名。空廠の石本氏と共に「トラック」にて十時出発。天神弁当部にて握り飯を作ってもらふ。

天気晴朗風はなし。大船へ出、江ノ島、大磯、国府津を通り、十二時半山北着。途中の風光、右に富士の秀麗を仰ぎ、左に江ノ島、逗子の明景を賞しつつ、坦々たるアスファルト道を海岸に沿って時速50～60㎞にて飛ばす。全くよき経験をなし得たり。

山北にて昼食后、焚火をしながらみかんを喰う。それより村の購買部へ行き、みかんを買うべくする。そこにてよきシャープペンシルありたれば我妹勢津子のよきみやげなりと、我のと共に2本買いたり。2円40銭×2（税6割共）みかんを2貫目ずつ買いてジャンバーに包み持帰る。蜜柑2円60銭

帰途は、鎌倉を経て帰る。

「太陽炎炎と線香花火の火の玉の如く西山に傾き、富嶽薄紫にかすみて相模灘絵の如し。白砂の磯に寄せてはかへす荒波の玉と砕けて飛ぶあたり、磯の鵜の鳥影みえて、かえりみすれば半月の空にかかりて薄墨の、たそがれとにもなりぬれば、はやまたたきぬ一つ星、あまた武将のならしたる、七里ケ浜の磯ずたい、由比ガ浜（註1）辺を右に見て過ぎし昔を偲びつつ、観音堂をすぎゆけば若き血汐は雄叫びぬ。

嗚呼元寇のその時に日本男子時宗の眦決し眺めたる、大浪寄する太平洋、今我此処に立ちし時南冥の彼方ルソン島血戦に次ぐ血闘の米鬼を倒す大御いくさ、いままてしばし我も又、しこのみたての誉もて、敵の亡ぶるその日まで、力の限り根限り、撃ちてし止まむ火と燃えて、決意は堅く大君にすめ大神に誓いまつりぬ（註2）」

（後註1：由比ガ浜は錯誤、ここは相模湾で大磯、江ノ島とつづく海岸線）

（後註2：当時は全国民が忠君愛国・尽忠報国の精神で固められていた時代であった）

六時追浜寮着、夕食、入浴。今日はまことに愉快なりき。八時半寝。

一月二十六日（金）晴

七時過ぎ天神橋までトラックの荷を下ろすために行く。三浦氏、高木氏、宮西氏。最初夏島にて鉄板、パイプ等を下ろし、二科に至りて製図板を下す。作業：調量装置組立図。伊藤、川原田氏午後退廠。

一月二十八日（日）晴

八時過ぎ出廠。調量組立完成（午前）。午後量産用組立図整備を進める。定時退廠。入浴してから3号室にて餅を焼きてたべる。それより寝んとして居ると、職員会議あり。話は、陸軍より松本行の話あるも我々としては不聞、此処に居ること。名研は二月末に京都に移転すること。その他雑談に終わる。九時半頃寝。夜中に警報あり。

一月二十九日（月）快晴

八時出勤。伊藤氏と二名なり。組立図整備、リスト整備に100％の能率をあげて働く。午食一人半。夕方までに大体終わり、あとは噴射器のみとなる。2時頃より蒸気発生器組立を二人して書く。7時退廠。今日は比較的暖かい日であった。

一月三十日（火）快晴

前日に引続き訂正要領、リスト整備。午後、量産用組立図検図の結果の訂正を相当なす。7時退廠。香村氏が来た。九時寝。異常なし。

（註：後日談。香村浩氏〈当時、材料試験担当〉に数年前に聞いたところによると、蒸気発生器の触媒を固めるために使用したセメントは、新しいものよりも古くなった所謂カゼをひいたセメントの方が好調であったらしい）

一月三十一日（水）晴
朝食後、握り飯一つ香村氏より貰う。登廠して昼食（一人半分）後、横浜駅へ切符を買いに行く。四時半夕食（一人半分・菜二人分）、弁当を二食貰い退廠。寮でも弁当を作らせ横浜に出る。十時四十六分発鳥羽行に乗る』

回転主軸の二点支持・三点支持問題

全力運転にはじめて成功したとはいえ、秋水原動機の前途には、大小いろいろな問題が山積していた。なかでも、ロケット・エンジンの心臓部である動力装置のタービンポンプの主軸系に共振によって軸の曲がりを起こすホワーリング現象という厄介な問題の発生は、最も重要な問題であり、設計変更をして緊急に解決しなければならなかった。

薬液ポンプの構造が複雑になり、重量が増加したため、運転により扇車に擦傷を発生するに到ったホワーリングの危険回転数を高くするには、主軸の直径を太くするか、軸受を中央に追加するかの必要がある。

三菱は、従来の二点支持のまま、主軸径を太くしてホワーリング危険回転数を一万五千五百回転まで上げる改造案を主張したが、海軍航空技術廠は三点支持方式を主張したので、この両方式の試作をそれぞれ進めることになった。

三菱の計算によると、原寸度三十八ミリ直径の場合の危険回転数が一万四千五百ｒｐｍであるのに対して、直径を四十二ミリにすれば危険回転数は一万五千五百ｒｐｍに上昇する。一方、海軍説の三点支持方式では危険回転数は格段に上昇してホワーリングの懸念は皆無となるが、その後、海軍空技廠（広工廠）で設計（三菱から田島技師を派遣）、製作し、同廠山北ロケット試験場で運転した結果、不幸なことに四月と五月に爆発事故を起こして、殉職者まで出てしまった。中央軸受の潤滑用特殊グリースに漏出した過酸化水素が交ざって爆発事故となったのである。

結局、三菱の二点支持のままで固有振動数を高めた方式「ＫＲ20」に統一され、設計し直したのである。

三菱重工長崎兵器製作所の先行燃焼試験

Ｔ液とＣ液を空気圧によってぶつける燃焼実験は、十九年十一月に三菱重工・長崎兵器製作所（長兵）における先行試験として成功していた。

長兵は海軍の魚雷専門工場で、戦時中、その作業内容は極秘扱いであった。仄聞によれば、液体水素と液体酸素とを高圧の窒素ガスの力で燃焼室内に噴射し、燃焼させる外燃機関の研究をしていた。また、秋水ロケットからのヒントで、ヒドラジン＋メタノールと過酸化水素とを使った外燃機関の研究も行なった。

また、秋水より約半年早く着手した陸軍の無線誘導ロケット弾「イ」号機［特呂1号］ロケットは過酸化水素と過マンガン酸カリの両者を約十キロ／平方センチの空気圧で燃焼装置へ送り込むものであり、これの研究も行なっていた。

このように長兵は、高圧ガスや、高圧空気、液体水素、液体酸素、ヒドラジン、過酸化水素等の取り扱いに練達していたので、秋水ロケットについても、動力装置を使わずに空気圧で薬液を燃焼装置へ圧送して燃焼実験を行なうことを海軍経由で依頼したのである。

この交流は海軍の紹介により昭和十九年十月に開始。燃焼室、噴射器、管接手、調量装置などを名古屋発動機製作所から送付した。

この燃焼実験は、昭和十九年十一月に第一段、第二段の分力試験に成功した。その後、二十年一月以降、全力運転による基礎燃焼室試験は順調にすんだ。しかし、動力装置の薬液ポンプとの結合による燃焼試験はポンプの完成が遅延したため、ついに行なわれなかった。

なお、長兵では十九年秋、蒸気発生装置を一組完成し、試験が行なわれた。その構造は名研の設計した蒸気発生器と同じであるが、T液に作用する触媒の組成は少し異なっていたようである。

長兵の触媒は、以下のとおり。「$KMnO_4$（4kg）、$K_2CrO_7$（2kg）、$K_2CrO_4$（2kg）、30%KOH（2lit）、鱗片状 KOH（1kg）、ポーランド・セメント（7kg）と水（3lit）を調合、成形して乾燥する」

名研のロケット・エンジン開発グループは、長兵での実験成果等を聞かぬまま、ロケット全体の完成をめざして全部門の開発に全力を傾注。その間、東海大地震、全工場の被爆、横須賀（追浜）への移動等を行なって、昭和二十年一月に全力運転を実施したのである。
その後、三月十二日に長兵の福田部長が追浜を訪れ、筆者が夏島へ案内をしたことがあった。
ふたたび、筆者の昭和二十年の「作業日誌」をつづける。このころから空襲が激しくなったこと、仕事以外に食糧事情や物価のこと等が書いてあるが、あえて記載した（原文のママ、一部省略）。
『二月一日（木）晴
途中無事に朝六時半頃名古屋駅に着く。荷物をかついで家まで歩く。警報二回入る。
二月二日（金）晴
九時大幸工場出社。試作工場へ行き（伊藤氏と）訂正等をなす。午後も引続き組立図等整備。定時退社
二月三日（土）晴
七時44分出社。予定の行動をなす。　組立図整備等。　量産用リストを書く。　七時退社。
二月四日（日）晴
八時半出勤。田島さんよりの仕事。動力装置改良型設計製図を始める。終日仕事に励む。定時退場。伊藤技手（註：伊藤雄幸氏のこと）は残業。
二月五日（月）雪

朝より一中（註：愛知縣立第一中学校。三菱が疎開していた）へ行き体力手帳を貰う。前日に引続き（八時半出社）デテールをかく。100％の能率をあぐ。午後より始めて、Tポンプ後筐を七時までにかき上ぐ。相当くたびれたり。

二月六日（火）晴

二月七日（水）曇

陸軍予科士官学校の第一次採用検査当日なり。白壁国民学校に出掛く。空中勤務者第一次適性試験をする。終わって身体検査場へ行く。検査種目①身長　②胸囲　③体重　④手足体の間接運動　⑤眼視力　⑥色盲検眼　⑦耳、咽喉　⑧体格判定　⑨肛門　⑩内科

合格を宣せられ第二次の為志願票乙を記入し二次検査の注意書をもらい二時半解散。

［日記に記録した試験についての注意書］

一、1二次検査ハ第一次合格者ニ付　在学成績証明書、考科資料内報書ヲ審査シ決定ス

2検査ノ場所参集時刻等ハ教育総監ヨリ直接本人宛郵送ニヨリ示達セラル

3発表時期五月上旬頃ノ予定ニシテ其ノ旨新聞ラジオニテ公表ス

4右示達ヲ受領セバ直チニ同封シアル「領知書」及申告書ニ所要ノ記入ヲナシ「陸軍将校生徒試験常置委員」及「第一次検査場所所管師団長」ニ之ヲ差出スベシ

（二、以下膨大に付省略）

二月八日（木）晴

三時過より会社へ出る。伊藤氏一人で大いに勤めていた。七時迄手伝う。明日も出勤せよ

といはる。

二月九日（金）晴

七時四〇分出勤　応急案の動力装置 最後の仕上げをす。午後よりトレース検図少々やる。横須賀に持参すべき図面、箱手配等をなし五時五〇分出社す。帰宅。

二月十日（土）晴時々曇

二月十一日（日）晴　紀元節

午食後警報が入り、ついで二時頃空襲警報あり。壕に入る。敵は浜名湖附近に投弾して脱出せり。まもなく解除。帰任支度をして又五時迄横になる。

九時二四分発上り東上す。満員で窓から乗る。五時半横浜着、六時過ぎ追浜着。朝食自弁ですませ八時出廠す。午前中仕事少々。（図面2、3かくのみ）午後より「KR20型諸管装置組立」を始める。本日定時退廠。宮崎技師氏と入浴。（註：宮崎技師〈実験担当〉は間もなく柏基地でアメリカ艦載機の銃撃をうけ殉職されてしまった）

六時半頃より一号室にて、紀元節祝賀を兼ね、本日の調圧弁試験完了をもって、全部の試験終了を祝し一同会し祝盃をあぐ。余興あり。九時前会散。寝

1月分　空技廠における食費、合計27円45銭支払う。汽車賃電車賃8円20銭

二月十二日（月）晴、曇

八時出廠　KR20型諸管装置を書く。十一時昼食（1・5人前）午後〇時夏島へ行き「噴射器ばね」を受取り来る。直ちに噴射器図面訂正及び新図持参のため、東京都大森区調布嶺

町二ノ六二　澤田製作所へ行く。三時頃着す。噴射器製作状況を見、図面訂正等をなし主人と話をしたりして四時退出。五時半追浜駅着、六時夕食後、報告をなす。夜は一月三十一日持田氏より頼まれた青図の綴合セ方をなし電球の切れたるため製図をなさず。七時半退廠。帰寮直ちに寝。電車賃計2円40銭（片道1・20）

（註：澤田製作所は蒲田で乗り換え、鵜の木駅から南西約二丁のところにある小さな旋盤工場であった。加工の難しいステンレス鋼の噴射器の精密加工はこうした町工場の名人芸に頼らねばならなかったのであろうか。このとき切削した噴射器のT弁一個〈図示〉を現在保存している）

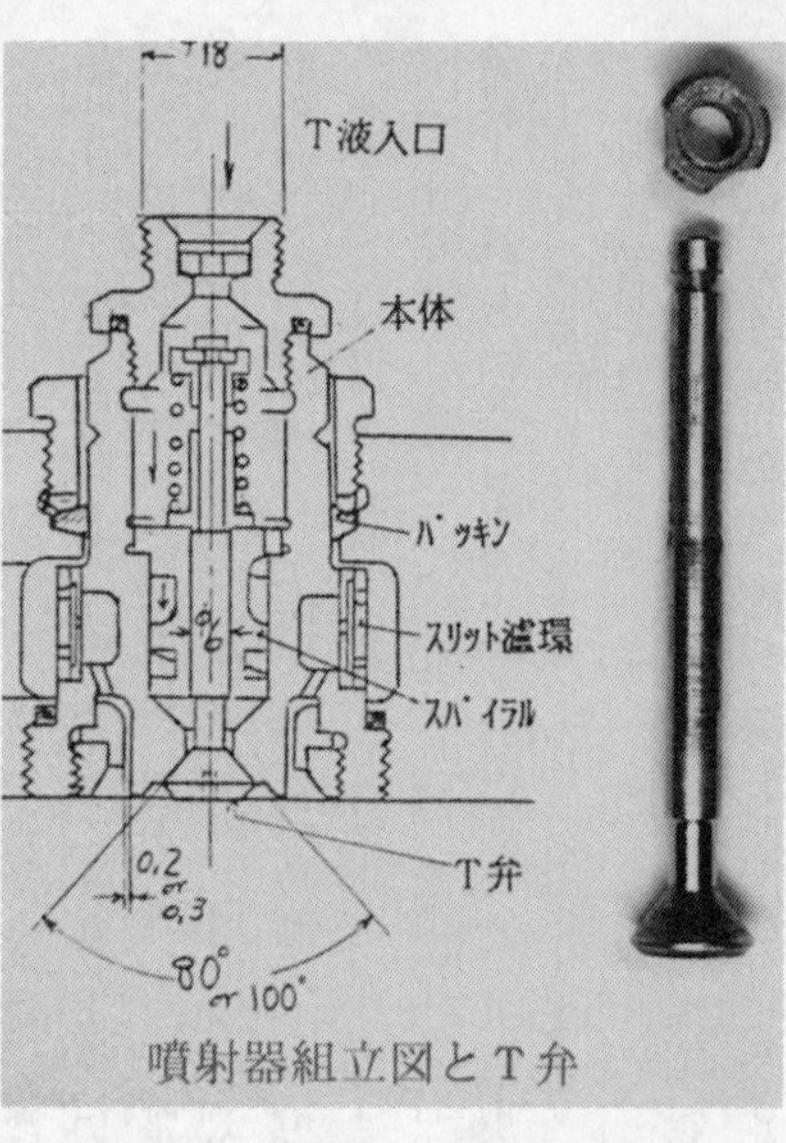

噴射器組立図とT弁

二月十三日（火）曇

八時出廠。KR20型諸管装置進行中。十一時五工場藤井技手にC噴射器口金（2ケ）クロームメッキ依頼に行く。昼食（1・5人前）夕食（1・5人前）

午後午前中に引続き実施。八時退廠、直ちに就寝、異常ナシ

二月十四日（水）曇

八時登廠　諸管装置進行中なり。午前十時頃警報あり。異常ナシ　昼夕食共１・５人前夕食後五工場へクロームメッキ受取りに行く。本日七時退廠。夜、伊藤技手帰寮。

二月十五日（木）曇　午後晴のち曇

八時頃出廠。午前中　諸管装置組立図。午後　夏島へKR10 Pipingスケッチに行く。（設計5名）一時半頃空襲あり、退避す。五時　二科に帰る。夕食（1・5人前）。

夕食後　組立図進行、巡航燃焼室検図（モチダ技師）。八時過　帰廠せり　夜　伊藤氏の豆を炒って喰う。十一時寝。

二月十六日（金）曇時々晴

朝方　空襲の夢を見た。やがて警戒警報あり、ついで空襲警報となる。早々に朝食を食べ、駈足にて（7時30分）空技廠に至り直ちに防空壕退避す。敵艦載機多数来襲、掃射等をなす、弾も落した模様、真っ闇の中で音のみ聞いていた。九時十五分頃解除。仕事に掛かる。午後一時半昼食、二時頃又来襲。退避。敵機（グラマンヘルキャット２機）を見る。三時十五分解除、四時又警報、空襲あり。夕食後少々仕事、七時半帰る。八時半寝。

二月十七日（土）晴

6時帰床　早々に朝食をすませ空廠に登廠す（6時45分）。7時前に空襲警報あり、貝山に避難す。八時半解除。諸管装置にかかる。十時半空襲警報　十二時解除、一時頃空襲警

報二時解除。昼と、夕食（1・3分の1人前）その間退避ばかりしている。午後管取付固定金具をかく。八時退廠八時半警報入る。夜中三回程入るも知らずに寝る。

二月十八日（日曜日）晴

六時起床　7時10分前出廠　朝食2回目を喰う。

巡航燃焼室　完成を急ぐ。

二月十九日（月曜日）

巡航燃焼室　図面完了　伊藤さん午後ヨリ横浜ニ切符を買いに出る。午後六時帰廠、持田技師夕食後鎌倉へ行き大船にて会同の予定。帰寮して帰名準備。

夜10時35分横浜発帰名　持田、多和田、伊藤、牧野。車中空席多く寒気甚だし。持田技師名市電切符一冊呉れる。旅費10円70銭

二月二十日（火曜日）晴

六時半名古屋駅着　7時帰宅　八時半一中に4名集合し名研に向かう。名研被爆され相当こわれていた。「巡航」完成すべく、図面不足分、リスト等整備。7時迄残る。

二月二十一日（水曜日）曇

八時出勤　前日引き続き。

二月二十二日（木曜日）雪後晴

八時出社「巡航燃焼装置」最終の整理をなす、概ね午前中に完成、午後リスト少々、青図手配等々をなし、倉庫より文房具等を受け　六時前退社。横須賀へ持参スヘキ物持ち帰る。

二十四日夜出発の予定なり。１００円前借。鈴木は明夜出発す。

午前九時ころ、警報あり　疎開退避、北方へ逃げる。昼食　米をもってゆき会社にて喰う。2人前、食パンあり。昼食代35銭（3人分39銭―米代4銭）

二月二十三日（金曜日）晴小雪チラツク夜雪

休みを一日もらいたり。疎開荷物の運搬と食糧の買出しをした。知立の駅にて荷物を調べらる。大根、白菜、いも等持ちたるも運よく見つからず。電車なかなか来たらず。約一時間半寒風のなかに待つ（後註：当時は食料不足で、農村への食料品の買出しは取締りの対象であり見つけられると没収された）。

二月二十四日（土曜日）晴

夜半0時04分名古屋駅発（1時間30分遅れ）。

二月二十五日（日）

朝、国府津附近にて空襲に遭う。十時半　空技廠着　雪降り来る。午後休養　四時より雪の中を自転車で空廠に飯を食べに行く。

二月二十六日（月）

雪一尺余積もる。伊藤、多和田帰追。

午前中　夏島にて雪除けおよび焚火。終日遊び。午後5時より服部さん（実験の主担当者）の仕事のため夏島へ行き6時過ぎ迄残る。

二月二十七日（火）

訂正のため図面整理。多忙を極める。七時半帰寮。

二月二十八日（水）

午前中訂正を図面に記入す。午後12時半より横浜に切符を買いに行く。事故の為湘南線不通。田浦まで行き田浦より省線にて横浜に至る。切符売切れにて買えず窓口にて頼みやっと買うを得るも急行券は不可なりき。帰りは市電にて杉田まで行き約一時間半待ち追浜に帰る。七時空廠にて夕食を食べ寮に帰る。支度をして八時出寮。22時46分発下りにて出発す。多和田氏豊橋下車（旅費10円70銭　食費22円25銭）。

三月一日（木）

朝　6時40分頃名駅着　家へ寄り9時名研に至る。試作工場へ行き訂正の準備等を始め、昼食。午後　訂正をなしたる所、稲生所長よりの命にて　海軍広工廠案の前方翼車、案内筒などトレース、大忙しにてする。七時完了。七時に警報が入る。七時二十分頃解除。大曽根より帰る（八時）。

三月二日（金）晴

八時半出勤。試作工場へ行き図面訂正、午後五時半過ぎ迄かかる。直チに帰宅せんとするも6時頃警報が入る。赤塚まで歩いてきたら解除になった。七時帰る。干柿2円25銭

三月三日（土）晴

朝　直ちに一中へ行く（八時半）田島さんが来ていた。トレース原図の検図をなす予定。

鈴木が十時過ぎ頃来た。午前中少々準備するのみ。昼食2人前をたべたり。午後より始める。6時終了して帰る。23時20分頃警報入る。敵B29一機ずつ数目標各地に来る。名古屋にも爆弾投下。壕に入る。12時半解除。

三月四日（日）曇後雨

七時半出勤。出勤簿に印を押して一中に行く。東新町にて車を待っておるうち警報が出る。午前中なにやかやと仕事をせず　空襲警報となる。退避す。午後一回警報あるも間もなく解除。今夜名古屋発　追浜へ向うこととなる。23時半警報あり

三月五日（月）曇

0時04分名古屋駅発　7時32分横浜着　8時半追浜着　9時半空技廠に出る。午食後の仕事、試作要領書（扇車関係）および略図を書く。六時半頃警報入る。7時出廠

田口雄幸技手配属　初会。今夜二十二時35分にて持田、伊藤両氏帰名す

三月六日（火）雨後曇

雨大いに降る中を傘無しで出勤　ぬかるみ甚し。朝より「巡航諸管装置組立」を書き始める。午食1・5人前　午後　巡航底板の一誤に気付き　新図引換の図を始める。8時まで居る。朝食も空技廠にて食べることになる。

三月七日（水）曇

七時半起床　8時出勤　底板続き　午前中より午後にかけ　本店向組立図に材質を記入する仕事を田口と二人でする。夕方よりKR遊隙表のトレースを始める。田口、亀江の二人も

手伝わせる。名研より請求ありたるものの如し。8時帰り支度帰寮。
三月八日（木）晴 大詔奉戴日
久し振りの快天である。7時半起床 8時空廠にて朝食。前日に引き続き遊隙表を書く。10時頃第一警戒配備となるも間もなく解除。夜8時まで熱心にやる。田口の製図余り丁寧ならず、書き直す。未完のまま帰りたり。寮にて弁当（握り飯）をくふ。9時過ぎ寝。
三月九日（金）晴
八時出勤朝食。遊隙表十時完了青図手配。（長野技手依頼）底板を書き上げる。
午後 持田技師 帰廠。今夜 小栗技師他工員帰名の予定。服部技師 松本へ。本日7時帰寮。9時頃寝。真夜中、警戒警報（不知眠る）あり、次いで空襲警報が入る。投弾相当あり。起きて服を着る。約五十機なり。別の編隊も後に来たらしい。解除になり眠る。
三月十日（土）陸軍記念日 晴天
朝7時起床、床を上げ掃除をし出廠 朝食。巡航燃焼室内筒の溶接製のものの計算、亀江君に書かす。巡航諸管装置組立を続行。夕食後 田浦郵便局に電報を打ちに行く。20銭本日6時半退廠。異常なく寝。持田技師 風邪の為欠勤 鎌倉のお宅にて休まる。
三月十一日（日）晴
暖かい小春日和です。七時半出廠 朝食。巡航諸管 進行す。
午前、上甲陸軍技術中尉来る。パン、煎餅をもらう。本日日曜日に付 午後休業。12時半退廠。一時前 警報入り空襲警報となる。東京、横浜方面行きの計画消え、2時半迄寮に居る。それより、三浦、久保、田口、亀江の諸氏と　鎌倉へ行かんとす。3時半頃より歩いて金沢八景迄行き、逗子に至る。それより鎌倉に到着、4時半頃ナリ。

それより鶴岡八幡宮に参拝し武運長久を祈りお守りを二体頂いて来る。古川に送ってやろう。40銭　長い拝道を歩いて　左右のみやげ物屋等を覗きつつ来る。絵葉書を購う。70銭

それより江ノ島電鉄にて　長谷に至る。長谷観音は時刻遅く　中を拝観する値わず、寂然たる境内と人一人居らぬ静けさに　身に粟を生じつつ　往古を偲べり。日　漸く西山に没したり黄昏たちこめ始めり。歩を早めて　大仏に至る。露座します大仏を拝し、頼朝当時の偉業を思い　感あり。6時半ともなれば急ぎ帰りぬ。8時前帰寮。入浴、高歌放吟、十時過ぎ寝る。（追浜―八景―逗子迄25銭　逗子―鎌倉10銭　往復70銭）

三月十二日（月）晴

7時起床　8時より仕事に掛かる　巡航諸管装置。11時半昼食　屋上にて日なたぼっこ、理髪へ行くもやすみなりき。川崎技師　来廠。午後二時半頃、（三菱重工）長崎兵器製作所福田部長　来廠、夏島に案内する。四時、二科に帰る。夕食5時、食後　諸管装置続行。完了近し。八時　廠より帰る。

三月十三日（火）曇

7時半　出勤　朝食　午前、午後も巡航諸管。本日は現場、設計共定時、夕食後直ちに帰寮。ただちに追浜映画劇場へ入る。（田口と一緒に）「若き日の歓び」前に一度見たものだった。文化映画「大型焼夷弾」7時半終わり寮に入る。それより入浴　風邪薬をのみ寝る。人

のうわさに、名古屋は猛烈に空爆された由、家が心配なり。十四日朝方、夢、田口と食べ物屋へ入ったらうまいあんころ、ぼたもちなどうんと喰へた夢を見て目が覚めた。（後註・十二日深夜　自宅〈名古屋市中区〉が空襲で全焼した）

三月十四日（水）曇

七時起床　八時より仕事　巡航諸管装置　進行中　十時　理髪部へ行って来た。20銭　小栗氏の話によれば、大津橋線から本町の間大いに焼けた由なり。一説に名古屋駅から大須迄やられたげな。

三月十五日（木）

巡航諸管装置　進行中

三月十六日（金）晴

朝出勤　朝食　九時頃迄　巡航諸管装置進行中。三浦技師名古屋より連絡帰廠、その話によれば名古屋の自家焼失の由、帰名準備をす。田口君弁当4食頼んでくれる。九時半出廠、追浜寮にて荷物をまとめ、駅にて名古屋迄の切符を求められず。横浜に至る。横浜駅にて申告所に多数並んでいるので切符を購入するに如何ともなし難く、罹災者は無切符にて乗車させるとの、貼紙を見、そのまま11時5分の急行門司行に乗る。

三月十七日（土）晴

夜半警報が入る、四時頃解除。午後三時半頃から白川町へ父と二人で行き焼け跡ほぜり。色々掘り出して帰る。（中村区に家を借りた）

三月十八日（日）晴

朝 会社へ行って 罹災給与休暇（5日）もらい 帰着届、罹災届等を出し東新町から歩いて白川町へ行き焼跡を見る。そこで父と会い、事務所で切符を貰い松坂屋へ行く。お釜はなかなか買えんので傘を一本買う。下駄や釜は明日行く予定として二時半帰宅。いろいろ雑事をしているうちに夜となる。

三月十九日（月）

午前1時30分頃より警報が入り、次いで空襲警報。2時前後よりB29一機或いは二機、五機位ずつ来襲、主に焼夷弾、焼夷爆弾などを落下、始め 名古屋駅附近と思われる方向に一番機が投下、火災を生じ次々と来る敵機に各所に火の手が上がる。そのうちに中村方面にも来り投下、東、南、西方面火災猛々となる。そのうちに家の上空に来った一機の投下せる焼夷弾、前後左右に落下。それは消し止めたるも再度、附近に落ちた弾により西隣の小工場、東、東南の家に猛火起こり遂に焼けた。午前5・6時頃概ね鎮火、大いに消防につとめたり。家財一切裏に出す。終日家の整理に多忙たり。

三月二十日（火）

昨日の空襲の跡未だに鎮まらず、余燼くすぶり凄烈の気迫るものあり。南伏見町迄行き帰る。午後雑仕事。

三月二十一日（水）曇

三月二十二日（木）雨

聯区事務所等へ行くも配給無し。空しく本町通りを南へ、記念橋、中日新聞前、丸田町、東新町から北へ、ぶらぶら、会社へ行く気になり近くへ行った処、鳥山敦子（註：同じ研究課の事務員）に会ったので、休み届を頼み帰宅。

三月二十三日（金）

朝より布池の衆善館に罹災者配給を取りに行く。帰途　田口に電車の中で会う。

三月二十四日（土）晴

午後十一時頃B29大編隊名古屋に来襲。

三月二十五日（日）

三月二十六日（月）

夜半　午前二時頃迄　主に市の東部を爆弾にてやって行った。

三月二十七日（火）（公休）

三月二十八日（水）晴

七時半　自転車で出勤する。休暇届、移転届を出し、一中へ行く。多和田に会う。十一時頃から熱田中学の名航　豊岡技師の所へ海軍規格を写しに行く。自転車調子悪く半分以上歩く。五時から試作工場へ行き、図面訂正をする。それより帰宅。前借３００円

三月二十九日（木）曇後小雨

三月三十日（金）晴

午後十時30分頃よりB29約50機来襲、主に京都、名古屋に投弾。曇天であった。

第　編　構造及作動

第1章　概説

本装置ハ次ノ　8　部分ヨリ成ル

1. 動力装置
2. 歯車装置
3. 調量装置
4. 調圧装置
5. 燃焼室
6. 燃料噴射器
7. 蒸汽発生器
8. 台枠並ニ管系統

動力装置ハ歯車装置ト結合セラレテ台枠ノ下方中央部ニ位置ス　調量及調圧装置ハ台枠ノ上方ニ位置ス

燃焼室ハ台枠ノ後部中央ニ取付ケラレタル長キ支持筒ノ後端ニ位置ス　燃料噴射器ハ總数12個アリコレハ燃焼室底鈑ニ取付ケラル

蒸汽発生器ハ台枠ノ後上方ニ位置ス

特呂二號

構造概略説明書

昭和20年2月

三菱重工業株式会社
第二製作所

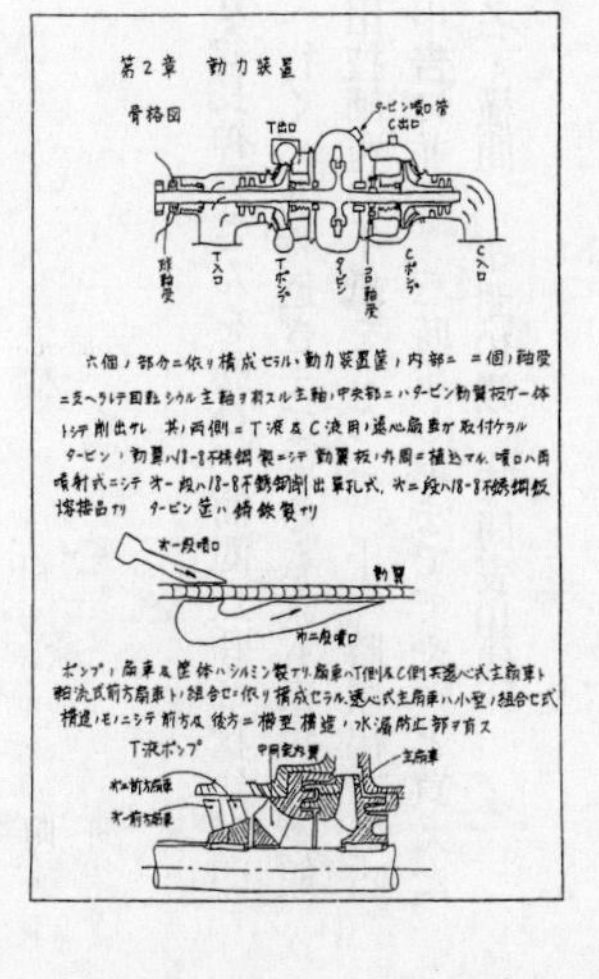
第2章　動力装置



六個ノ部分ニ依リ構成セラル、動力装置筐ノ内部ニ二個ノ軸受ニ支ヘラレテ回転シウル主軸ヲ有スル主軸ノ中央部ニハタービン動翼板ガ一体トシテ削出サレ　其ノ両側ニT液及C液用ノ遠心扇車ガ取付ケラル

タービンノ動翼ハ18-8不銹鋼製ニシテ動翼板ノ外周ニ植込マル、噴口ハ再噴射式ニシテ第一段ハ18-8不銹鋼削出單孔式、第二段ハ18-8不銹鋼鈑熔接品ナリ　タービン筐ハ鋳鉄製ナリ



ポンプノ扇車及筐体ハシルミン製ナリ、扇車ハT側及C側共遠心式主扇車ト軸流式前方扇車トノ組合セニ依リ構成セラル、遠心式主扇車ハ小型ノ組合セ式構造ノモノニシテ前方及後方ニ櫛型構造ノ水漏防止部ヲ有ス



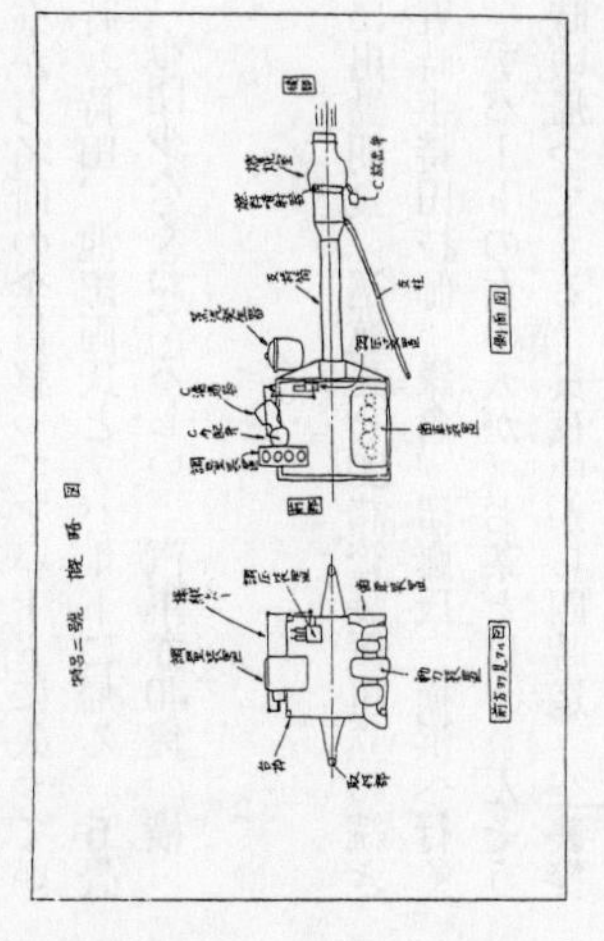

三月三十一日（土）晴

四月一日（日）晴
八時頃古新国民学校に三菱在郷軍人会第三分会長神野さんを訪ひ、簡閲点呼令状に、印を押してもらった。いろいろ注意を受け、一中へ行く。九時過ぎまで居るも誰も来ず。本館へ行く。成田部長が居られたので報告をし、持田技師宛の手紙をもらふ。十一時頃出て名古屋駅に向かう。十二時駅前で弁当を食べ、切符申告に並ぶ。三時少し前まででやっと買えた。帰宅。横須賀行準備。切符10円（値上ノタメ）名・横間。新聞10銭　時間表10銭

四月二日（月）晴後曇
名駅6時30分発東上。14時48分横浜着。追浜寮から名研の全員移ってアパートに入っていた。いろいろ面白くない事があったためか。七時　持田、池田両氏とアパートに帰る。6畳に五人（三浦、田中、伊藤、久保諸氏）でねる。布団少なくねぐるしい。汽車弁40銭　横・追90銭

四月三日（火）晴　神武天皇祭
目覚めれば七時、日高く昇っている。ただちに出勤朝食、巡航KR20諸管装置組立の続きをやる。十一時昼食。三月分食事代16円85銭　五時半持田技師　鎌倉、伊藤氏　横浜へ行く。6時半退廠、アパートに帰る。家へ葉書を書く。アパートの女の人が、お茶とほうれんそうをもって来た。三浦さん九時頃、田中さん十一時頃帰ってくる。真夜中から四時迄　空襲警

報　B29編隊　京浜及び関東北方面を攻撃したらしい。
四月四日（水）曇　小雨模様
八時出廠　朝食　組立図続行　雨降りて寒い。
午後三時より夏島にて燃焼試験をなす。（計測）三速1分間　成功裏に了る。五時過ぎ夕食す。八時まで仕事。新聞12銭
四月五日（木）曇
昨夜は寒く　ねぐるしかった。6畳で五人　せんべいぶとん（着、敷計）6枚ではかなわん。多和田技師来る。
10時から夏島に行き昨日の分解状況を見る。T弁良好、底板取付スタッド折損等あり。11時半昼食。食後直ちに　東京本社へ行き　稲生所長宛電話をかけにゆくも　不通のため　私送便を頼む。本店四階　大野事務不在　多田事務（航空三部）それより六階会計（経理部）にて持田技師500円　直江技師300円　借金してくる。五時帰廠夕食　汽車賃往復　追―東京3円80銭　写真立2円30銭　マッチ箱15銭
四月六日（金）
愈々　松本行　本極りとなる。荷物の整理をする。
四月七日（土）晴
朝から警報あり。次いで空襲警報となる。B29約120機　東京方面に来る。名古屋に約120機来る由。荷物整理をして夜10時46分発にて帰名。青図手配等の仕事のみする。

四月八日（日）晴
六時名古屋駅着、帰宅す。九時頃名研本館に行く。構造説明書などの製本を終日する。五時に退社す。（註：付図に「特呂二号・構造概略説明書・第二製作所」の一部を示す）
四月九日（月）晴
七時半前に一中に出勤。訂正などを少々するのみ。内務令を写す。四時に退社。
四月十日（火）雨 夜風雨（公休出勤）
七時半 一中に出勤、仕事連絡のみ。田島さん、多和田氏来る。今日横須賀に発ってくれと言う。KR青図全部持って行くべく準備し、旅行証明を得べく名研に向かう。
四月十一日（水）晴
4時半起床。切符を買い6時30分発上京す。14時48分横浜着。図面整理（青図）若葉荘宿泊 切符10円90銭 お茶1円五〇銭
四月十二日（木）晴
朝 係長に仕事を話す。午前10時頃警報あり。
前方翼車等の新型写図 空廠の佐野技手に頼む。田中技手 体の具合悪し 切符を買ってきてもらう。望月技師 松本に出発す。旅費10円
四月十三日（金）晴
午前佐野技手に依頼した青図の検図、午後三時終わり。持田さんのサインをもらう時五型と五型改の間違いで不可となり、Cポンプ後筐のみ青図をとり 工務課に持参することに

なる。5時30分退廠。若葉荘で荷物をとり、帰名すべく出る。
19時46分横浜発 名古屋に向かう。
夜11時半よりB29約170機京浜に来る。宮城、御所等に爆弾投下（40撃墜80撃破という）。
（註：撃墜撃破の数字はでたらめであった）
四月十四日（土）晴
朝3時15分名駅着 重い荷物を担いで家まで歩く。6時迄眠る。8時半出社、所長に手紙を渡す。明日 休暇を取る予定。一中へ行き 十二時工務課 受井さんに新出図を渡し、訂正のメモを渡す。（田中他の諸氏休み）又本館に帰り、会計で500円借りる。三時退社、田口と一緒に帰る。田口ハ横須賀へ行く予定。
四月十五日（日）晴
夜警報あり。B29約200機京浜に来る。70墜、50破
四月十六日（月）晴
11時半警報が入る。午後、転住証明をもらいに行く。聯区事務所、区役所。勢津子に松本行切符を買ってきてもらう。6円50銭
四月十七日（火）晴
朝6時起床、朝八時19分中央線にて松本に向かう。車中、満洲の人と話し会う。午後二時松本に着く。直ちに電車にて学校前に向かい、明道工業学校内「陸軍航空審査部」に行く。

多和田がいた。加藤事務に宿をきいて、四時　西山、高田両氏と共に出る。先ず　浅間温泉「相生の湯」に行き、荷物を置いてすぐ町の方へ出て、ぶらぶら歩き店を覗いたりする。先ず新聞11銭　松本電車30銭　みやげ物屋で父のため、パイプ（30銭）とマッチ箱（20銭）を購う。又　飲食店にて、冷ヤッコ豆腐としほからでぶどう酒を飲む。西山氏おごり。1円出す。それよりパチンコ屋で少々遊ぶ。1円20銭　宿にて夕食。すきやきなり。白米相当量の飯なり。それより入浴す。清澄適温の湧泉の中に数分。好い気持ちなり。夜　将棋をやる。女中が床を敷きに来た。9時半頃　寝に就く。

四月十八日（水）晴

七時半　宿を出る。本朝食は一汁三菜、少々非常時向きでない。食後少したって出掛ける。田島、望月技師が既に来ていた。終日　量産図面（広工廠向け）の整理をなす。学徒四名手伝いにきている。昼食は校内の食堂へ行って食べる。かなり好いものを喰わせて呉れる。午後六時過ぎ漸く整理終わり、田島技師　名古屋経由 広へ向かう。七時に浅間温泉に帰る。但し相生の湯は部屋の明渡しを余儀なくされる。昼食費（前金）7円　相生の湯宿賃7円05銭。昼間、加藤事務に連絡をしてもらった「目の湯」旅館に入り、成田豊二研究部長と同室にて泊る。夕食前　入浴、少々ぬるい湯だ。夕食　なかなかよろしい。飯量適。菜は魚の煮付け、魚のフライ、ごんぼ煮付け、お汁。夕食後成田さん何処かへ（菊の湯）出掛ける。独居して日記を書く。女中氏ふとんをのべに来る。この女中は相生の湯よりおとなしくしとやかなり。障子の開け閉めにも丁寧なり。ふとん上下二枚宛、さっぱりしているやうだ。

10時頃寝る。桜花特攻隊の勇士の泊りたる部屋なりと聞く。風強し。家へ松本第一信を出す。

一度は　母父を連れて来たし　山の宿

温泉の　宿の夜半の　嵐かな

四月十九日（木）曇後雨

朝6時少し前起床。成田部長早や起きて洗面中、ふとんを上げさせてから朝食。部長は手が悪いので（後註：だいぶ前に熱い焼するめを裂こうとして爪に傷し化膿したのがなかなか治らず）、いろいろ世話をする。朝食のお汁は旨かった。一汁三菜なり。朝食後部長は宿替えする。菊の湯へ行く。菊の湯を二製（名古屋発動機研究所は第二製作所と変更した）で買収するらしい。

中浅間駅より乗る。望月、杉原氏が乗っていた。出勤して図面整理、あまり仕事がない。悠々閑々としている。午後三時過ぎKR運転台（陸軍）事故あり。代替品補充等のため多和田氏今夜発つことになる。これより入浴してこやう。電車賃30銭　朝、勘定の時部長は予の分迄払って呉れたり。二人分で13円10銭也

四月二十日（金）晴

八時出勤　午後4時半から松本の市中を学徒と一緒に歩き廻る。百瀬君の所で本を借り、リンゴを1つ呉れた。6時頃帰宿。少したって材料試験の水谷、津坂さんが来た。同宿す。

夜　入浴後　将棋をなす。九時寝。電車賃40銭

四月二十一日（土）晴

七時半 学校に行く。学校へ行く前に 市中から東の方へ貸間探しに出掛ける。知らぬ小母さんに頼み来る。東方の市外を散歩し貸家二軒見つけるも不可。学校に行く。午前中仕事らしい事をせず、午後2時半頃より下宿探しに出る。学校より少し西へ行き、又東に行きすぐ見付ける。交渉して借りることにする。六畳弐階であまり綺麗でないが仕方なし。それより松本市中を見物（田口と二人）して5時頃 目の湯へ行く。下宿先・長野県東筑摩郡里山辺村 上条 清

四月二十二日（日）晴

目の湯から出勤 別に異常なく過ぐ。家へふとんを取りに行こうとおもう。三日分宿賃19円70銭、ブドー酒1本3円65銭、朝夕食券8円

四月二十三日（月）晴

出勤 仕事あまりなし。三食者の米を貰い（1升）一時0一分の汽車で帰名す。名古屋着。七時頃家に帰る。ぶどう酒2本、父のみやげに持帰る。父大いに喜ぶ。汽車賃往復13円、電車30銭、宿賃とぶどう酒（1本4円75銭）で10円50銭

四月二十四日（火）晴

出勤すると休みであったので誰も居らぬ。帰ろうとすると、田島、持田、稲生所長等と玄関で会う。また三階に戻り、田島さんの仕事（図面の整理）等をする。一中へも行く。三時頃帰れと言われ帰宅す。切符1円

四月二十五日（水）晴

七時半出社、九時頃　田島、持田諸氏来る。10時10分頃より持田さんに松本へ行ってくれといはる。成田部長の手紙をも貰って、一中へ寄り給料56円貰い、11時半過ぎ家に着く。今日の昼　発てという事だが　ふとんを包んだり、切符の手配等で、2時40分で行くとしても8時頃松本に着き、今日の仕事にならん。午後十一時10分発ので行くことにした。2時半から名古屋駅に行き、ふとんをチッキで松本に送るべく頼む。2円　10時駅まで歩き乗車す。

四月二十六日（木）晴

二十五日23時10分発で、朝4時50数分松本着。二人分の席を占めて眠る。駅より歩いて学校に至り朝食の握り飯をたべ直ちに仕事にかかる。

動力装置・漏れ止フエルト部分　故障多く、　改良型検討図を書く。望月技師　甲府に帰り中なり。午後　御船伍長が噴射器T弁の検査を頼みに来たので現場でノギスで測定す。大分寸法が違っていた。石川島芝浦タ―ビン工場の製作は、不可なり。測定結果をグラフにして伍長にやり、石芝に陳情に行くべくさせる。また、米を貰いに鶴沢曹長の所へ行く。なかなかぐずぐずして渡さぬが終いに1升呉れた。　4時松本駅へ行き切符を並んでも遂に売り切れとなり、無理に頼んで買い、乗ることを得たり。16時51分発　車中、勅諭を少し覚え、すぐ寝てしまった。途中、雨が降りだした。名古屋着22時37分　家まで歩く。二三時半寝。松―名　6円50銭

四月二十七日（金）晴

6時起床、奉公袋の準備。点呼の予習のため白川学校に行く。

松本へ明朝出発の予定。切符6円50銭

四月二十八日（土）晴

名駅発8時19分 中央線にて行く。車中 事無く午後二時松本に着く。先日チッキで送ったふとんを受け取り下宿へ運ぶ。それより学校へ行く。六時退出。目の湯へ行く。一人泊る。食後、入浴 八時頃 寝。日記を書く。新聞5銭 電車賃30銭 チッキ保管料20銭

四月二十九日（日）晴 天長節

謹んで天長の嘉節を祝し奉る。朝食後、奉公袋に入れるべき 応召準備予定表、遺書を書き、とやかくするうちに昼となり 昼食す。一時頃 勘定して目の湯を出る。映画を見て六時帰下宿。宿泊6円65銭 映画1円 電車賃40銭

四月三十日（月）晴

早、四月も終わった。全く早いものだ。光陰矢の如く 歳月人を待たず。青年再不来。一寸の光陰不可軽也。五時起床、早く起き過ぎ退屈す、6時半頃握飯の残りを食べ、七時出勤。8時頃望月さん来る。横須賀より荷物が着いたので運ぶ。朝食を食べる。

青図面の新しいのを整理する。六時に退所、下宿に帰る。九時寝。立川に敵戦爆200機空襲す』

海軍空技廠から陸軍航空審査部へ

海軍空技廠のロケット・エンジン開発担当技官は、藤平右近海軍技術大尉、有坂純一海軍技術大尉であった。昭和二十年に入るや、海軍の艦艇部門の技術将校の多勢が上陸して、航空本部や、空技廠への協力を惜しまず、広工廠ではロケット部品の製作から、廠内にある大型の艦艇用ボイラーを運転して、その蒸気で秋水ロケットの運転試験を実施した。このように海軍は海空一丸となってロケット完成に邁進していた。

昭和二十年二月以降四月になると横須賀も米艦載機の襲撃がしだいに激しくなり空技廠も危うくなってきた。

また、四月には海軍のロケット・エンジン噴射実験場が神奈川県内山村山北に完成し、静かな山村の山あいの中でも噴射実験が行なわれるようになった。

一方、三菱と陸軍航空本部および同航空技術研究所は、同年五月に長野県松本市に集結して、ロケット完成に邁進した。

両者は連絡を密接にとってはいたが、なにぶんにも日本国内外とも戦局逼迫の折にあり、通信、交通など意の如くならず、バラバラに行動することも生じた。

同じころ、陸軍の噴射実験場も長野県松本に完成したので、三菱秋水グループは陸軍管轄下の松本へ移動することになった。

「秋水」の開発は海軍・陸軍・三菱の協力により完成させるものであるが、はじめに生産は三菱、機体は海軍主導、ロケットエンジンは陸軍主導と決められていた。

昭和十九年十二月の三菱大幸工場被爆により、ロケットの噴射実験場が破壊されたため、

三菱秋水係・陸軍航空審査部が入っていた松本商業、明道工業学校

緊急に追浜に疎開して、海軍空技廠の運転場を使用していたが、追浜の空襲も激しくなったこともあり、ようやく松本に陸軍の噴射試験場が完成したので、三菱の秋水係も陸軍管轄下の信州松本へ移転することに本決定した。昭和二十年四月六日のことである。松本はこのころ、空襲も無く防空壕も見当たらず、追浜とは気分的に異なっていた。浅間温泉入浴の恩恵はあったが、ただ食糧事情は空技廠とは違って最悪であり、われわれ秋水係は飢餓状態を強いられるはめになった。

## 松本における秋水係の活動状況

私たち秋水係は、設計図作成のほか、試作部品を加工する日本各地の工場との打ち合わせや図面指示、三菱社内各部署との連絡や依頼、材料購入手配、部品の引き取り等々、いろいろな仕事で課長以下が東奔西走していた。ときには噴射実験の計測を手伝ったこともあった。

ここで筆者の作業日誌に加筆しながら、松本における秋水係の活動状況を紹介してみたい。

松本着任第一日。四月十七日八時十九分、名古屋発中央線で午後二時松本着（名古屋・松本間六百五十円）。松本市県町（あがた）にある明道工業学校（松本商業学校、現在は松商学園高校）に入居している陸軍航空審査部特兵部に入る。すぐに宿舎の浅間温泉へ行く。温泉街を散策してから「相生の湯」に泊る（註：前頁の写真松商学園は六十年たったいまも当時のままのたたずまいである）。

旧制「松本高等学校本館建物」

松本における秋水係の宿舎は、しばらくの間、浅間温泉の旅館数ヵ所を使用することになっていた。最初に泊まった相生の湯は一日で替わって、十八日は「目の湯」に成田研究部長と同宿する。成田部長はまた十九日、「菊の湯」へ替わられる。このようにいろいろと分宿して職場へ通った。

松本における仕事は十八日からはじまった。勤労動員していた同校の生徒四名を手伝いさせて広工廠向けの量産図面の整理をする。

仕事はいまは小康状態、十九日午後三時すぎ、陸軍KR運転台で爆発事故があった。

当時の出張手当で有り余る温泉生活であったが、一泊七円もかかっては贅沢すぎるので、「目の湯」を出て、田口君と下宿を探し、学校に近い東筑摩郡里山辺村字北小松四二七一番地の上条清方の二階の一室に移り住んだ。ここに四月二十九日から約半年間滞在した。

当時は松本駅前から浅間温泉行き市電が通っていた。駅からメイン道路を東へ真っ直ぐ行くと突き当たりが旧制松本高等学校（現在も昔のままの校舎があり、周辺は「県(あがた)の森公園」となっている）で、その南を校舎に沿って東へ行くと松商の門前に出る。さらに北へ少し入ると目と鼻のところに下宿があった。二人の部屋は月二十円の六畳。夜半にバサッという音に目を覚ますと、なんと蠍(さそり)？が数匹、天井から落ちてきたという不思議な体験をした。入浴はもちろん浅間温泉へ行った。このときは市電（チンチン電車）を利用した。

『五月一日（火）曇

学徒を使い終日、新しい青図面の整理をする。

今日ドイツ降伏の報道があった。午前十一時頃、警報あり。敵一機が長野県に浸入した。

五月二日（水）雨

青葉の頃となり雨又一段と佳し、木々益々その緑を鮮やかに遠山浅くかすみて、初夏の気を偲ぶ。図面台帳を書き続ける。

六時頃より「松本城」近くの料亭「魚網」において三菱と陸軍の関係者初顔合わせ会合をおこなう。三菱側は、望月、服部、多和田、伊藤雄幸、山口、久保、田口、牧野、陸軍側より神田中尉、永島、田谷、大前、朝日各少尉が出席。一汁五菜、酒一本、ぶどう酒数本宛。

大いに皆飲み論ず。醜態もあり。然し大いに愉快。九時過お開きとなる。会費三十円払う。

五月三日（木）雨

図面台帳作成。ヒットラー、ムッソリーニ死す。

五月五日（土）雨後晴

問題が多い動力装置は二点支持方式で改良する事になった。皆で手分けして設計を進める。調量装置本体トレース、原図作成。燃焼室冷却案内トレース、原図。伊藤、多和田技師は動力装置進行中。

五月六日（日）晴

二点支持動力装置改良案作図始める。ワシノ向けの青図手配。

五月八日（火）晴・名古屋・

早朝名古屋に帰る。三菱商事片山課長への連絡、明治屋井出事務への図面渡し等をする。

五月十一日、

七時　明治屋三階で中村業務課長、材料部航空四課大田技師と、ベルトーロ（交流を直流に変換する電気機器。中央製作所で製作）購入の件につき打ち合わせ、すぐ、東海軍需管理部へ行き土井少尉と話す。後は中村課長に一任した。

二年前、日本一の航空発動機工場として偉容を誇った名古屋発動機製作所の創設者であった深尾淳二常務は、今は一面廃墟となった名古屋市栄の中心部に焼け残った明治屋ビルを借り、三菱の仮事務所としてその二階に居られた。この地域はB29による三月十二日と十九日の二回の空襲で焼野原となり、瓦礫とガス管、水道管がわずかに立っていた。奇跡的に残った明治屋であった。なお明治屋と目と鼻の距離にあった筆者の生家は三月十二日の空襲により焼失していた（明治屋は現在もこの場所で営業している）。

五月十四日（月）晴・松本・

設計A4を二枚、図面整理
五月十五日（火）曇小。

昨日、B29約四〇〇機、名古屋を空襲。名古屋城が焼失したと聞いて驚いた。

広海軍工廠から石田職手が図面を取りにきていたので、整備し、青図を石芝（石川島芝浦タービン〈註1〉）に百瀬学徒を使って手配する。本日図面整備等多忙。

（註1：石川島芝浦タービンには名研〈註2〉の試作工場が疎開していた）

（註2：名研は第二製作所〈二製〉、名発は第四製作所〈四製〉、名航は第一製作所〈一製〉と改称していた）

十六日　B番号「特呂二号」用整備を始める。学徒に大部分書かせる。

十七日　午後「特呂二号改一」動力装置の訂正通知を書く。上甲中尉、直江技師来松す。

十八日　新動力装置に関しての訂正要領を書く。ごたごたした仕事が多い。

十九日　動力装置Tポンプ外側案内筒六型を書く。

二十日　動力装置の続き。川原田技師今日より設計の方へ来る。

二十二日　タービン前筐の訂正、動力装置リスト、組立図修正など多忙。

二十三日 動力装置KR20改1整備にて多忙。
五月二十四日（木）晴
午前○時十七分松本発、田島、多和田技師と三人満員列車に乗る。五時三十七分名古屋駅着。帰宅朝食後、八時八分発、京都十二時十九分着。車中間瀬技手と一緒になる。
京都工作機へ行き、次いで一乗寺道の島津製作所橘工場に行き吉岡工場長、中坊課長等に面会しベロー組立を頼む。八坂神社参詣、五時半京工に帰る。材料ぼの榊原技師、大津技手と田島、私の四名、三条川原町西下る 炭屋旅館に泊る。特一の十五畳次の間付きの良い部屋である』
京都工作機には「燃焼室内筒」のクローム半硬鋼の一体削り出し加工を依頼していた。余談になるが、内筒の製作方法として、材料と加工時間を節約するため削り出しをやめて、鋼板の溶接構造とし、内面にカロライジング（アルミニウム粉末中で鉄鋼を熱し表面にアルミを浸み込ませ対蝕性保護膜をつくる操作）を施工する設計図を書いたことがあった。これは製作を千葉の日本建鐵に依頼した。また、第二章に記したように、空技廠でも実験用溶接製の燃焼室内筒を設計している。実用されたかどうかはわからない。
『五月二十五日（金）
京工にてベロー受け取り帰る途中市電断線で動かず歩く。その時、平安神宮へ参拝し壮麗な社殿を見る。途中、偶然、持田技師に逢う。祇園下から車に乗り、京工六時帰着京工の寮で泊る。

五月二十六日（土）晴

朝食後京工・設計へ行き、歯車装置改修図を作る。池田少尉の仕事の不備が多い。ただちに青図を手配して、出来るのを待って荷造りする。午後六時京都駅に着く。重い荷物を預かっておいて、清水寺へ参詣に行く。

京都二〇時十五分発二十四時帰名。

五月二十七日　・名古屋・

明治屋へ行き中村課長に図面を出し番号とあわせ読合せする。夜九時五〇分名駅発

五月二十八日、

三時十五分松本着。学校へ行き持ち返り品を広げたがベローが錆びており不味い。ベロー金具、図面を持ち石芝へ行く。往復トラック乗車。

五月二十九日、

動力装置、歯車装置（二〇改一）用の改修リストを作る。

「神雷特攻隊」発表　親子飛行機　例のロケット　丸大か？

（註：一式陸上攻撃機に「桜花」を吊るした特攻は三月二十一日に行なわれた。陸攻十八機全機帰還せず。〈第三章を参照〉）

五月三十日（水）晴

KR一〇装備図を川原田技師の続きを書く。午後、C戻管取付板の書直し
「B29約五百機、P51約百機　横浜に来襲」と新聞にある。
五月三十一日（木）晴
動力装置組立図に遊隙値記入　午後　燃焼装置C戻管、同取付板を訂正。図面を書く。
菊の湯へ入浴に行く。「本日まで出張扱い」六月一日より松本転勤となる。二週間は出張並
日当、一月半分の月給を転勤手当として支給される筈』

ここでさらに六月の作業日誌を挿入して、秋水係の設計内容と日常生活のようすを見てみ
よう。この時点でも、細かい改修設変がつづけられている。

『六月一日（金）曇後晴
今日より夏。「切換軸」「ブッシュ」の図面を書く。
六月二日（土）曇後雨
「調量装置C分配弁」「同ブッシュ」を書く。一日大半かかる。昨日B29四〇〇機大阪に来
襲す。
六月三日（日）快晴
素晴らしい快晴なり。午前中勉強。午後　調量装置本体　訂正。なんとなく一日が済む。
六月四日（月）晴後曇
訂正いろいろ。夕方「C吐出パイプ」等を書く。大山技手入社。

六月五日（火）晴
「22φ管用ニップル」「袋ナット」を書く。持田さんより大山君の製図指導を頼まれる。
六月六日（水）曇
仕事あまり忙しくない。勉強したり、新聞読んだり、電話をかけたり。
「急閉弁」の図及び改修用図を書く。三十分残業、浅間温泉　菊の湯へ入浴に行く。
六月七日（木）雨
閑散なり。工務課との出図、青図、訂正等の打ち合わせ　午前中にあり。
夕刻、燃焼試験を見学する』

持田課長（二月に原動機研究課長に就任）以下の設計と実験グループは松本・山北・追浜の海軍航空隊・柏の陸軍航空隊との連絡をとりながらロケット・エンジンの完成をすすめた。苦しい努力の結果、六月末になってようやく完成の目算をつけることができた。

筆者の作業日誌によれば、松本における三菱の秋水グループの行動は、六月七日、十一日午後、十四日夜および十九日にも二号機用ロケット・エンジン噴射実験に参加し、十九日には実験は良好な成績をおさめたとある。

名航豊岡技師の記録（『丸』通巻五百九十二号）によれば、六月十三日に松本にて二号機用ロケット・エンジンが二分間の全力運転に成功したとある。

しかしながら、実験中に山北で二回、松本で一回の爆発事故が起き、負傷者多数が出た。

昭和20年7月6日、空技廠における試験飛行前の秋水1号機が、後胴部を外してロケット噴射試験を実施。下のパイプからは水蒸気を放出している

かくて、秋水原動機の開発は設計着手以降、ロケット噴射実験まで難行苦行をかさねながらも、資料入手後十一ヵ月という驚異的な短期間で出来上がったのである。そして日本最初のロケット戦闘機「秋水」の記念すべき初飛行である運命の七月七日を迎えるのである。

## 秋水の初試験飛行

六月十二日、一号機用のロケット・エンジンが山北で三分間の全力運転に成功。三十日に追浜に持ち込み、台上運転で三分間を確認して領収し

離陸準備がととのいコックピットにおさまった犬塚大尉

昭和20年7月7日、発進直前の秋水。左翼を支えるのは整備分隊長の広瀬行二大尉

た。そして七月五日には夏島岸壁でテストをし、つづく六日、一号機を飛行場で試運転して好調であったので、「七日十四時に初飛行をする」と発表された。追浜における六日の試験は、三菱関係者には知らされず、一人も立ち会わなかった。

七月六日、持田、服部技師らは陸軍・柏飛行場での「秋水」陸軍一号機の地上運転の立ち会いを行なっていた。このロケット・エンジンは二点支持方式の全三菱製のエンジンであった。

この後、陸軍の初飛行は未定のまま、つぎに述べる海軍一号機の事故のため機体の薬液タンクの改修などにより、保留となり終戦を迎えるにいたった。

持田課長は翌七日昼、秋水初飛行立ち会いのため、陸軍機で東京湾を横断して追浜飛行場に到着した。

試験飛行ははじめ厚木基地や木更津基地を予定していたが、万一のエンジン故障や墜落などを考慮し、安全な海に近い空技廠に隣接する追浜飛行場を選んだといわれている。

七月七日、飛行場の西側、滑走路の近くにテントが張られ、海軍、空技廠、陸軍の首脳が居並び、記念すべき秋水の初飛行を待つ。午後一時前、秋水が滑走路に搬入されてきた。長さ千二百メートル、幅八十メートルの東北向き滑走路の西南端に秋水が据えられた。

実験機特有の濃い橙色の塗装に、ずんぐりした流線型の機体、水平尾翼のない後退翼をもった独特の機形である。

相当な時間をかけて飛行前の点検整備が行なわれたあとテストをはじめた。起動電動機のスイッチを入れると起動するが、一速に入れると停止してしまうという状態を何回か繰り返し、不調である。

整備長隈元少佐が「今日は打ち切って明日にしよう」と言いかけたとき、犬塚大尉が隈元少佐になにか話した後、急に操縦席に乗り込んだ。そして、起動モーターを入れ起動した。起動ＯＫから一気に一速から二速まで押したらエンジン噴射がはじまった。そのまま手を振って風防を閉じ、「前外せ」の合図、ついでレバーを三速に入れた。

七月七日午後四時五十五分、秋水は追浜飛行場を発進した。発進直前に持田課長は操縦席に着座していたテストパイロットの犬塚豊彦海軍大尉と固い握手を交わして成功を祈った。

発進した秋水。手前は離陸成功の白旗をあげる山下飛行長

犬塚大尉は秋水戦闘機隊として編成された三一二空分隊長であった。

　柴田司令、隊員、空技廠、横須賀航空隊、陸軍技研と三菱の名航、名研などの幹部数十人の見守るなかを、三菱試製局戦「秋水」は黄緑の炎環「虎の尻尾」を吐き轟音とともに走りだした。機体が軽いので滑走約三百二十メートル、十秒で離陸に成功した。

地上では万雷の拍手が起こり歓声が上がった。見事な離陸、秋水は約四十五度の角度で急上昇した。車輪を投下、尾輪を引き込みすばらしい急上昇をつづけた。真後ろからは燃焼室の内部が真っ赤に見えた。

持田技師は、秋水の真後方に直立して丸く明るいロケットの噴出口を見つめていた。そして驚いた。心臓がドキンと音を立てて体を震わせた。離陸後十六秒、高度三百五十メートルあたりでその丸く明るいロケット噴出口の光がパッと消えてしまったのである。

秋水はそのまま上昇をつづけ、五百メートルくらいから右旋回をしながら白煙を出しはじめた。犬塚大尉がT液の非常弁を開放したのである。その際、犬塚大尉はふたたびロケット噴射を操作したが、すぐ停まってしまったようである。

機体は着陸のためもう一回、右旋回をしたが、機体の沈下速度が予想外に大きかったのか翼端が建物に接触し、大破して着地した。

秋水の墜落地点は、航空隊の拡張工事の現場であった。附近には施設部の建物が散在していたが、その中の労務者用トタン葺きの仮設宿舎の屋根に右翼を激突してしまったのである。

持田課長は事故直後、不時着地点に走っていったが、すでに海軍関係の人たちでいっぱいとなり、接近を止められて破損の情況はよく見えなかった。

犬塚大尉はただちに地下手術室に収容されたが、きわめて重篤な状態であった。重傷を負った犬塚大尉は、「秋水は左右の横揺れ、捩れもなく、操縦性は極めて良好である」と言い残して翌八日未明に殉職された。

当座の事故調査は、機体関係を海軍航空隊主体、エンジン関係を海軍空技廠が、三菱と陸軍側をそっちのけにして事故原因の調査にかかった。後日の詳細調査には、三菱の機体およびエンジン関係者が関与した。

噴射が停止した原因は、秋水がB29爆撃機を上後方から攻撃するという作戦上の理由により、薬液タンク底の薬液取出口を前方に置いたこと。薬液を三分の一（七十五秒分）を搭載し、地上試験をふくみ三十五秒消費した残量はT液ならば二百三十五キロ、百七十三リットルしかないこと。さらに上昇角四十五度と加速度が加わって液面が傾斜し、機体の離陸衝撃による揺動とロケット噴射の振動とで液面が波立っていたこと。しかも薬液取り出し口は直径八十ミリという大形であるから、早々と空気を吸い込んで、薬液ポンプが空転して燃焼が止まったのである。至極残念なことであった。

持田課長が、分解後のエンジンを調べたところ、三菱製（三点支持式）で、T液分岐管（通称「蜘蛛の巣管」）燃焼室の十二個の噴射器に三段に別けてT液を配分する複雑形状の溶接不銹鋼管）は空技廠で設計製作されたものであった。なお、噴射器二個か三個のT液弁が折損していたが、その他の損傷はなかった。

噴射器のT弁折損については、試験段階でも、全力運転終了後、T弁が折損してなくなっていることがあった。とくに燃焼室の内壁の一部が、その外套をC液で冷却してあるにもかかわらず部分的に熔融していたことがあり、この場合も噴射器二〜三個のT弁が折損していた。これはT液過剰による異常燃焼によるものと判断して、つぎの対策を行なって成功した。すなわち、T弁の軸径を太くし、あわせて軸頂のスプリング受け部の金具を強化し、さらに、T液過剰を防ぐため、C液噴射量を約五パーセント増加した(ガソリン・エンジンでノッキング防止のためガソリンをリッチにするのと類似の手法)。

「秋水」初飛行のときのロケット・エンジンは、海軍空技廠山北試験場で組み立てられたものであって、T弁の構造と薬液の混合比の設定について三菱側に知らされることはなかった。当日、整備中か飛行中か燃焼停止時かに、T液過剰その他の原因による異常燃焼が発生したものと思われる。

要約すれば、原因は、「急角度、急加速度で上昇した際に機体のT液タンクの燃料取り出し口(内径七十ミリ)が波の立つ液面に近くなって空気を吸い込んだため、ポンプ作用が止まったことによる」と判定された。

ここでもう一度、作業日誌にもどる。

『七月十三日(金)
六時頃より「燃焼実験」の計測者に頼まれて行く。七時半より計測にかかる。試験、調子悪く、「燃焼室 爆発」し微塵に吹っ飛ぶ、上甲中尉、頭部に重傷、夏井技師手に負傷せり。八時半帰宿す(註:松本の陸軍の噴射実験場でのことである)。
七月十四日(土)昨夕の椿事、一〇時より打合せ会議。

七月十六日（月）朝、こなごなの燃焼室を診る。

噴射口金の訂正をやる。補強及びスリット拡大（0・5にする）。

（後註：爆発の対策であろうか、C液の出口を大きくしたと思われる）』

海軍の山北実験場でも時を同じくして爆発事故が発生した。つぎの飛行準備のため、七月十五日、山北の実験場で領収運転を実施したところ、大爆発事故が起こってしまった。T液とC液を一定割合に調整する調量装置の作動不良で、T液の溜まった燃焼室内へC液が噴射され、一瞬にして爆発した。

このため、先の試験飛行につづいて正田技術大尉が殉職されるという痛ましい事故になってしまった。正田大尉は一週間前に着任したばかりであった。七月十三日の陸軍の松本で起こった爆発事故のことは聞かされていたのであろうか。

松本にB29が侵入したのが七月二十三日の夜半であった。二十四日にも警報が入った。七月二十八日には防空壕作成のための委員会がつくられ会議を行なった。防空壕は現場用と疎開退避用と二通りつくることになった。いままで松本には空襲がなかったのだ。七月二十九日に疎開退避場所の選定に出かけた。

『八月六日（月）曇「新型爆弾・広島攻撃」（註：原子爆弾とはいっていない）

八月九日（木）晴「ソ聯、日本に宣戦布告す」』

その後、エンジンと機体の改修が行なわれ、海軍は第三回目を八月二日、陸軍は八月十日を目標に飛行計画を立てたが、テスト中の故障や事故のため延期されているうちに、ついに時間切れ、八月十五日終戦となって、すべての作業を停止することになってしまったのである。

## エンジン噴射停止の解明

「秋水」試験初飛行で離陸し上昇後、高度約四百メートルあたりで突然、ロケット・エンジンの噴射が止まったのはなぜか。

査問委員会（委員長西村真舩大尉）の事故調査結果では、「急上昇の加速度がタンク内T液の液面を斜めに押し下げ、タンクの薬液取り出し口が前方の底のほうにあったので、T液がまだ残っていたにもかかわらず、空気を吸い込んで、T液を取り出すことができなかった」とされた。

上昇角度は四十五度ちかく（註：当日の映写記録によると二十七度ともいう）、薬液の搭載量が少なく、加速度も少なめに計算するなど悪条件がかさなり、薬液の上面が取り出し口に達して空気を吸い、エンジン停止にいたった。

査問委員会で三菱の高橋課長は一言も弁解をせず、頭を下げて陳謝した。柴田司令は、

「墜落事故の責任はすべて自分にある。狭い追浜飛行場で実施したこと、薬液の搭載量を少量にしたことが失敗であった」と述べた。この発言によって、それ以上の追求はなく委員会は終わった。

「秋水」の事故原因でもっとも問題とされる薬液搭載量は、柴田司令の指示で、はじめからT液は規定の三分の一、C液も三分の一であったとされている（一説にはT液二分の一、C液三分の一またはT五十パーセント、C三十パーセントというのもあるが、これは誤謬（ごびゅう）であろう）。

正しくはつぎに述べるように、T液三十パーセント、C液三十パーセントが事実であると思う。この表現の正確を期すために補足すると、当日の試験飛行に機体の傍で立ち合っていた私の上司の持田課長は、筆者につぎのように述べている。

「当日、機体の至近距離に居たが、薬液搭載量は約半分とだけ聞かされていた。後日、三菱名航の人から聞いた話によると、海軍航空隊では初飛行の場合に燃料を六十パーセント搭載するのが標準であったとのこと。「秋水」のときは、海軍航空隊の司令柴田武雄大佐とパイロット犬塚豊彦大尉との打ち合わせで、全力運転七十五秒として、離陸後、約二千メートルまで上昇し、二回旋回して元の滑走路に入る計画を立てた。このためには、T液で満タンの六十パーセント×五十パーセント≒五百キログラム。比重一・三六、容積三百七十リットル。C液で重量比十：三・六で百八十キログラムと計算して、そのとおり搭載したという」

「秋水の離陸発進前、起動モーターを回してもなかなか掛らぬ。やっと掛っても第二段に移行しない。調整、整備を三時間余つづけたが、その間の薬液消費は少量であったとのこと」

T液タンクの容量は胴体内と操縦席左右合わせて、千百五十九リットル（千五百七十六キロ）、C液の容量は翼内左右四ヵ所合計五百三十六リットル（四百六十七キロ）である。薬液の消費量はT液（比重一・三六）が毎秒六・二キログラムおよび蒸気発生器用〇・四キログラムの計六・六キログラム／秒、C液（比重〇・八七）が毎秒二・一キログラムである。T、C両液とも三分の一の計算どおりでは、T液が七十九秒、C液が七十三秒の噴射可能時間になる。いずれにせよC液の噴射時間でいえば七十三秒となる。満タンではT液二百三十八秒、C液二百二十二秒である。もちろん薬液の噴射消費量は一速、二速、三速によって異なる。

噴射テスト後の時点で、どのくらいの薬液を消費したかも当然、考慮に入れねばならない。整備の篠崎中尉に西村氏が聞いた話として、飛行前テスト噴射による減量は、飛行直前に補充して搭載したT液は五百キログラムであったということである（西村文書）。C液が補充されたのかは、不明であるが、C液の不足や、C液タンクの液取り出し口の状態も影響があったかもしれない。

仮説として、T液を満タン（千五百七十六キロ）にして一万メートルまで三分半で上昇した時点でのT液の残量は（6・6×3・5×60＝消費1386kg）百九十キログラムであり、さらに二十八秒間の全速飛行が可能である。初飛行時のエンジン停止までのT液消費量は、テスト七秒、滑走十秒、飛行十六秒として計三十三秒であるから（6・6kg×33S＝）二百十八キログラムとなる。T液ははじめ五百キログラムを搭載していたので、エンジン停止時の残量は二百八十二キログラムと推定できる。

そこで、試験飛行時の状態すなわち、T液取り出し口が後下方にあった場合に、T液を満タンにして四十五度の上昇をしたとき、どこまで噴射が可能かを考えると(1576－282＝1294)千二百九十六キログラムを毎秒六・六で除すると三・二分となり、この場合でも約九千メートルまでの上昇ができるものとみなされる(実際は高度、上昇角度等によって上昇率は変わる)。

もし、T液を五十パーセント搭載していたら、おなじように計算して(1576×0・5＝788kg)、使用可能T液量は五百六キログラムとなり、七十七秒の飛行が可能となる。これはあと四十四秒間の上昇飛行ができる計算で、高度は千五百から二千メートルに達するはずであった。

試験飛行の計画・準備・打ち合わせは柴田司令を中心に入念に何回も行なわれた。しかし、薬液を少なく積むと上昇中に液面が後に引かれ、液取り出し口が露出して空気を吸い込むので、その時点で薬液の供給が止まり、エンジンが停止するということにだれも気がついていなかった。だれかが気がついていたら、あるいは三菱の機体関係者に相談があれば、薬液搭載量がもっと慎重に決められたのではなかったかと悔やまれてならない。

いままでいろいろ書かれた文献の中には、「T液五百八十リットル、C液百六十リットル」というのもあり真偽は疑わしいが、本当にそれだけ入れてあれば、エンジンは停止しなかったはずである。

常識を隔絶した格段に大きな秋水の燃料消費量である。T液が五百キロでは、まともに飛んでも（500÷6・6＝）七十五秒の勝負である。

軍としては、試験飛行計画はB29撃破の「軍機」事項で、外部漏洩を恐れ、機体の構造上の問題はないとして、機体製作者たる三菱名航の所員には試飛行に関与させず、一般観覧席で見学させたのであった。ロケット・エンジンは懸案事項が多く、エンジン設計主務者の持田課長には試飛行に直接参加してもらった。

急上昇や急加速では液面が後方へ引かれるから、取り出し口は後下方が良いと考えるが、降下前傾姿勢の際は前下方が好ましいと思う。はじめ三菱名航の機体設計では種々考慮して、T液タンクの後下方に取り出し口を設けたのであった。しかし、海軍は実戦の状態を検討し、B29の上後方からの降下姿勢による攻撃法を想定した結果、三菱（名航豊岡技師・動力担当）に対し、T液取り出し口を前下方に変更するよう緊急指示してきたので、この指示通りに製作されたのである。用兵・作戦に関する事項であるとして、三菱設計陣の意見を入れる余地はなかった。

機体設計主務者高橋課長には事後報告となった。課長は試験飛行計画によっては危険だと思い、さっそく試飛行の計画内容を聞き出し、「今回は高度二千メートルまで徐々に上昇、上空を二周して着陸」との回答を得て、危険はないと思ったが、至急、タンクの設計変更を予定した。

これが、試飛行では聞かされた飛行計画と違い液量は正規の三分の一と少なく、上昇角度が大きくて、T液取り出し口から空気を吸いエンジンが停止したのである（この項は一部、西村真船氏文書から引用させていただいた）。

よく考えてみると、T液取り出し口が前下方にあったのでは、全速で順調に噴射が行なわれても九千メートル付近でエンジン停止に陥り、高度一万メートルまで到達できなかったと思われるが、だれも気がつかなかったのであろうか。試験飛行の初期では、これも一つの段階であったのであろうか。

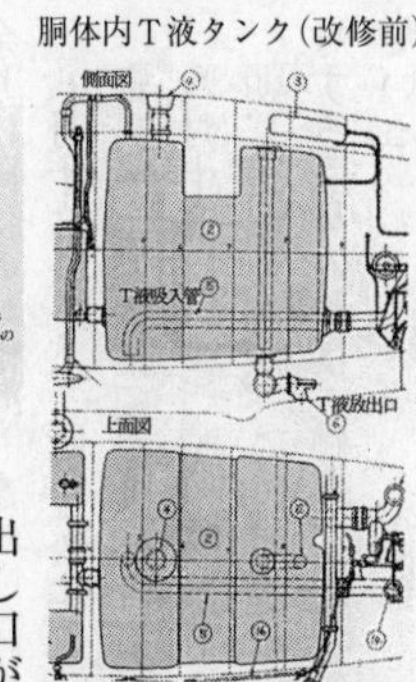


胴体内T液タンク（改修前）

T液タンク（改修後）

飛行姿勢の変化に対応し、安定した燃料取り出しをするには、タンクの取り出し口から特殊な可撓管をタンク内に出して末端に重錘を付け、どんな飛行姿勢でも吸い出し口がタンクの最低部にあるようにすることで解決できる。「秋水」の場合、つぎの三菱第四号機にこの対策を施行し、八月二日に試験飛行をする予定であったが、種々の理由で延引し、終戦を迎えたので、秋水がふたたび空を翔ける機会はついに来なかった。

T液タンクの取り出し口について、最初の「前下方取り出し式」の構造図と、変更後の「後下方取り出し式」の構造図（ただし可撓管式ではない）を示した。

## 秋水係の終わり

『八月十五日（水）晴
天皇陛下御放送遊ばさる。重大なる詔書煥発となる。永年の辛苦水泡に帰す。ありとあらゆるものことごとく無に帰す。今後の道誠に辛酸の極なるを覚悟せざるべからず。恨むべし、余りに降伏の早かりしを。
八月十六日（木）晴（松本）
資料等を焼き捨てたりする。皆　ただ茫然　気の抜けたやうな一日を送る。
八月十七日（金）晴
朝、持田さんが、こくばんに「秋水部隊再決起の辞」を書き、人名を書く。作業は農村に対する農具の改良、修理、研究だ。或は労力奉仕。さしあたり今日は何もせず、新聞を読んでいる。
八月十八日（土）晴　研四号の机など整理手伝いをする。
八月二十日（月）晴
大整理。ディーゼル関係、秋水関係のもの、全部主に資料を焼く。さっぱりした。午前中かかる。現場でアルミ板を使い「しゃもじ」を作る。連日、唯、茫茫然として、目的亡き生活を送るのみ。NATTORAN！！　田島、望月技師来る。

八月二十一日（火）晴
持田さん、軍需省出張。室内を整理して、机をならべなおす。トランプをする。２・10・Ｊ。Ｂｒｉｄｇｅ等。現場で検流計等をコワシ磁石をとる。七時寝。
八月二十二日（水）晴　早朝起きて日記を書く（以上で、秋水係の作業日誌は終了した）』

## 秋水開発の残像

昭和二十年七月七日、海軍追浜飛行場で秋水の試験飛行が行なわれた。結果はロケット・エンジン停止、不時着、機体大破、パイロット犬塚大尉殉職ということであった。やがて八月十五日、ポツダム宣言受諾終戦。一同、茫然自失のうちに残務整理に追われていた。

しかし、わずか十一ヵ月間で出現を見た「秋水」は未だ完全なものではない。敗戦の混乱のまま放置しておいてよいものであろうか。「秋水」の資料はすべて廃棄されたか、米国に持ち去られたかである。ここで三菱秋水係は、「秋水」開発の締め括り総括をしなければならないと考えたのは必然的な成り行きであった。

戦後満六十年を経た平成十七年五月末、筆者は秋水復元機のある三菱重工業小牧南工場史料室に岡野室長を訪問した。そこで見せられた当時の図面や資料のなかで発見したのは、昭和二十年十月ごろにまとめられた「特呂二号未解決事項」と題する数頁の小冊子である。やはり開発研究者として持田技師らが後々のためにまとめていたのであった。

その内容を見ると、「秋水」ロケット・エンジンのいろいろな問題が克明に記されており、きわめて貴重な記録というべきである。つぎにその一部分を紹介する。

『特呂二号未解決事項

A、特ニ重要ナル未解決事項

1、Start ノ際ニ Explosive Combustion（爆燃）ヲ起スコト、Start ノ際ノ発火状況ハ試験ノ度毎ニ差異ヲ示ス。発火ノ前 liquid ガ燃焼室出口カラ流レ出ルコトアリ、ソノ量ガ多イ場合モ少イ場合モアリ、発火ノ前ニ白煙ヲ出スコトアリ、出サヌコトアリ。更ニ発火ガ極メテ除々ニ開始サレルコトアリ、「ドン」ト爆発ヲ伴フコトモアル。甚シキ場合トシテ燃焼室ガ爆発セルコトヲ既ニ二回経験シタ。

以上の如く発動状況に〝ムラ〟があるのは、(a)発動時に於ける薬液噴射量の多少、(b)薬液のT対C混合比が一定ならざること、(c)薬液管内に於ける水の残留の有無、(d)薬液の性質等が複雑に関係しているものの如く考えられる。既に、

①燃焼室内に予めT-steam を通すこと（独逸の方法）

②燃焼室内を発火寸前に「バーナー」で加熱すること（海軍式）

③燃焼室内面に銅粉または過マンガン酸カリ等のT液分解剤を塗布すること（陸軍式）

を実施したが爆燃を防止する効果は顕著でなく完全なる解決は得られていない。

尚、燃焼室の爆発の防止対策としては発動時に発火迄絶対に「レバー」を一速以上に開かぬことを限定し、且つ調量装置の機能に不完全なき様種々の改良を施し更に試験前にそれが完全に作動するや否や（錆やゴミ等により均衡弁がひっかかることあり）を確かめることにより解決した。

2. Fuel injector ノ耐久性少ナキコト

Fuel injector は僅かの燃焼時間の後にも直ぐに具合が悪くなる。その主なる故障は次の通りである。

イ）C liq.injection の slit にゴミがつまる。
ロ）C liq.injection の slit が変形する。
ハ）噴射器の底板への取着け螺部が焼きついて外れなくなる。
ニ）噴射器の燃焼室内面に向く面が溶解する。
ホ）T−valve の頚部が彎曲する。
ヘ）T−valve が発條受金具の嵌込部にて折損する。

これらの故障に対する処置並びに所見は次の通りである。

イ）C liq.injection の slit にゴミがつまること
ゴミは主として combustion chmmber の cooling jacket 内のもの及び piping（特に不銹鋼製の燃料分配管）内のものと分解組立の際の不注意による相当の量の浸入とが考えられる。これに対して調量装置C分配弁の前にある filter を強化する事は勿論必要である。

而してそれより先の部分にあるゴミに対しては filter をC-slit の直前に設けることが考えられるのでこの方法を初期には実施したが、その filter 自身を充分大型のものとすることが出来なかった為直ぐに詰ってしまって用をなさなくなった。その後はこの filter を除き、C slit を0・2㎜～0・3㎜から0・5㎜に拡大したものについて研究中であった。

C-slit がつまりC液の injection film が円周に亘って不均一となると各部に於けるT対Cの混合比が不適当となり、温度の高い部分や、酸化性の強い部分（T liq. が rich の部分）を生ずるに至り、次に述べる如きC-slit の変形、螺部の焼き付き溶解等を誘発するものと考えられる．更に又、燃焼室自体の過熱、溶解をも来すものと考えられる。

以上の如く、C-slit にゴミがつまることは大なる故障を誘発するものなるにつき、これが対策の確立は極めて重要なることである。

ロ）C-slit の変形　（以下、省略）』

三菱重工大幸工場のいま

昭和二十年十一月、終戦により閉鎖された名発・名研は、戦後、菱和機器製作所を経て、昭和二十四年十二月、名古屋製作所大幸工場となった。二十七年に大幸工場の敷地内に「殉職碑」が建立された。その後、幾多の変遷があったが、昭和六十二年十一月、名古屋航空機製作所となっていた大幸工場は小牧北工場に移転して閉鎖された。

　いま、平成十七年三月に筆者が訪れたときは、元大幸工場は、巨大なナゴヤドームの東に隣接して在り、広い構内（数千坪）には「技術研修所」、宿泊棟、大幸寮などの建物がある。その一角（もとの第二工作部の南端あたりであろうか）に整然と緑に囲まれた「殉職碑」が建っている。

　殉職碑の傍にある「大幸工場慰霊碑建立経緯」を記す銘板には、つぎのように記されている。

『昭和十三年七月、この大幸の地において三菱重工業株式会社名古屋発動機製作所が発足し、太平洋戦争終息まで幾多の優秀な航空機エンジンの製造が行なわれた。戦争は激化の一途を辿り、昭和十九年十二月十三日の第一回の空襲を皮切りに数次に亘る空爆により工場は壊滅的打撃を受け、従業員・学徒等三百余柱の尊き殉職者を出す悲運に見舞われた。戦後、大幸工場に慰霊碑建立の気運が澎湃としてわきあがり、昭和二十七年十二月十三日、除幕式が挙行された。大幸工場は昭和六十一年十二月、生産拠点を他に移すことになり、四十八年有余の歴史に幕を閉じたが、慰霊碑の姿はそのままに、後世に維持管理を委ね継承されていく。ここに永遠の平和と神霊の安らかならんことを請い願うものである（文中一部省略）』

　また、殉職碑の傍に、平成元年六月に建てられた「昭和の鐘」がある。その銘板に曰く、『昭和年代半世紀にわたり大幸工場は、常にその時代の最先端の技術で、各種のエンジンをはじめとする数々の優秀な製品を生産した場所であります。平成元年に当たり、大幸工場が昭和の歴史の中で歩み続けた記念として、工場建屋に用いられた鉄骨材の一部を利用し「昭和の鐘」を建立したものであります』

六十年は夢の間であった。

# 第二章　ロケット戦闘機のテクノロジー

## 局地戦闘機「秋水」の概要

［秋水の機体諸元］

機名　「秋水」略記号（海軍）J8M1（陸軍）キ200
型式　中翼単葉、無尾翼、単発、ロケット推進
原動機　薬液ロケット　KR10　特呂二号
機体材料　主翼と尾翼は木材、その他は軽合金
全長　六・〇五メートル
全幅　九・五〇メートル
全高　二・七〇メートル

『秋水』
［キ200］
四面図

左側面図

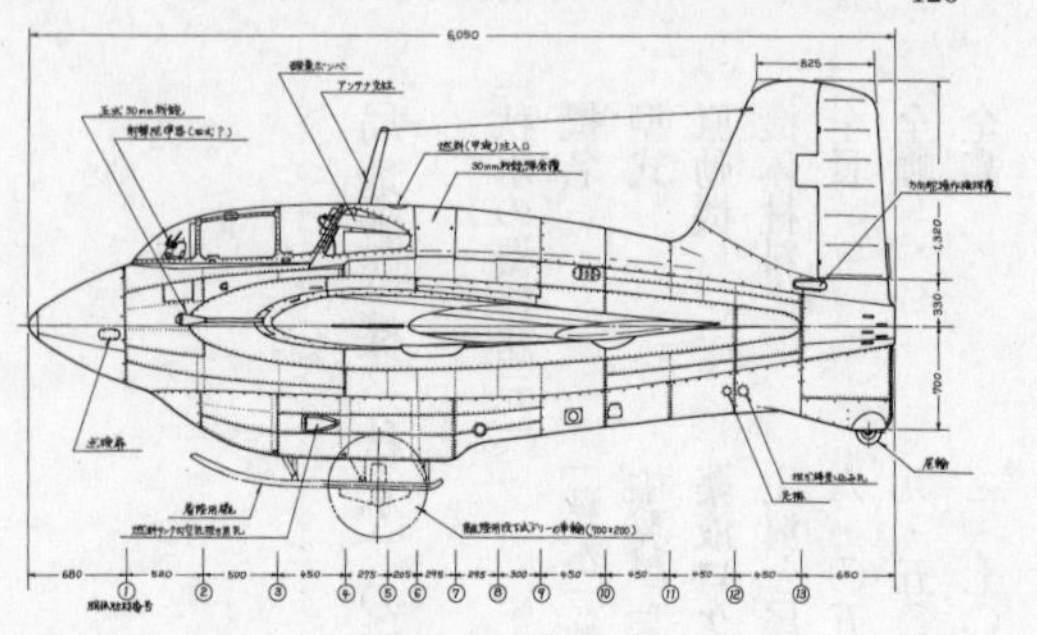


正面図

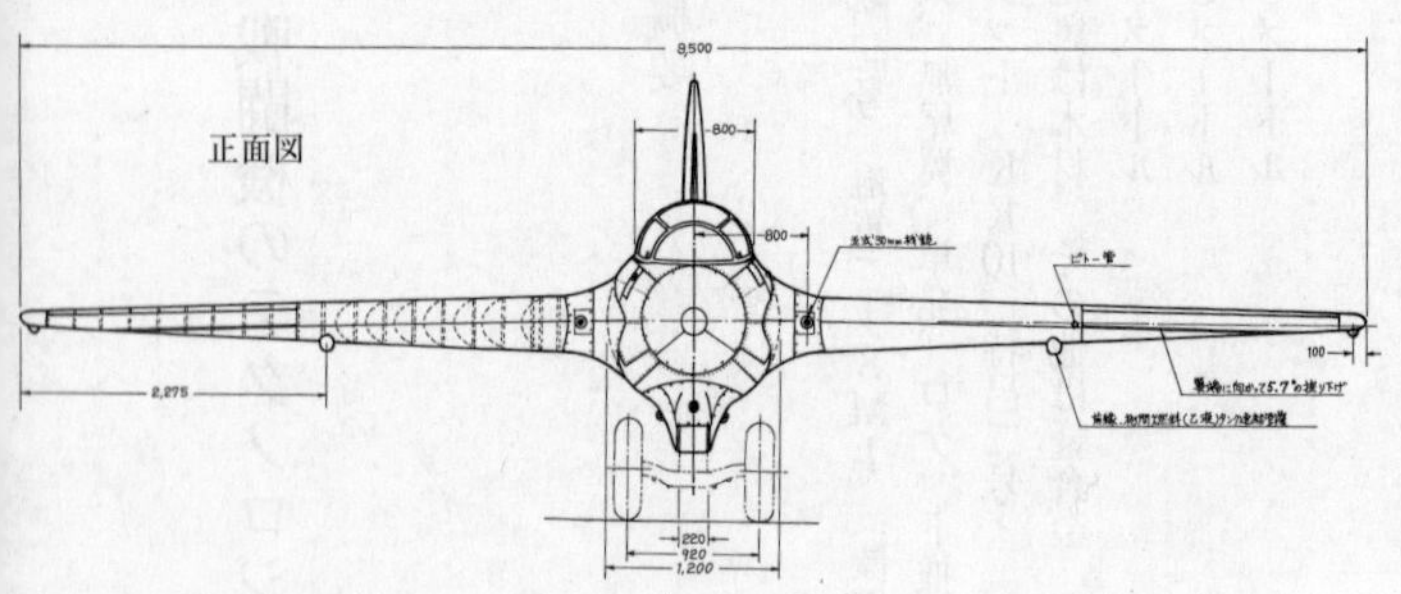


最大速度
九百キロメートル／時
上昇限度
一万三千メートル
上昇時間／高度
一万メートルまで三分三十秒
推力
千五百キログラム
翼面積
十七・七平方メートル
自重
千五百五キログラム
総重量
三千八百八十五～三千九百キログラム
翼面荷重
二百十六キログラム／平方メートル
航続力

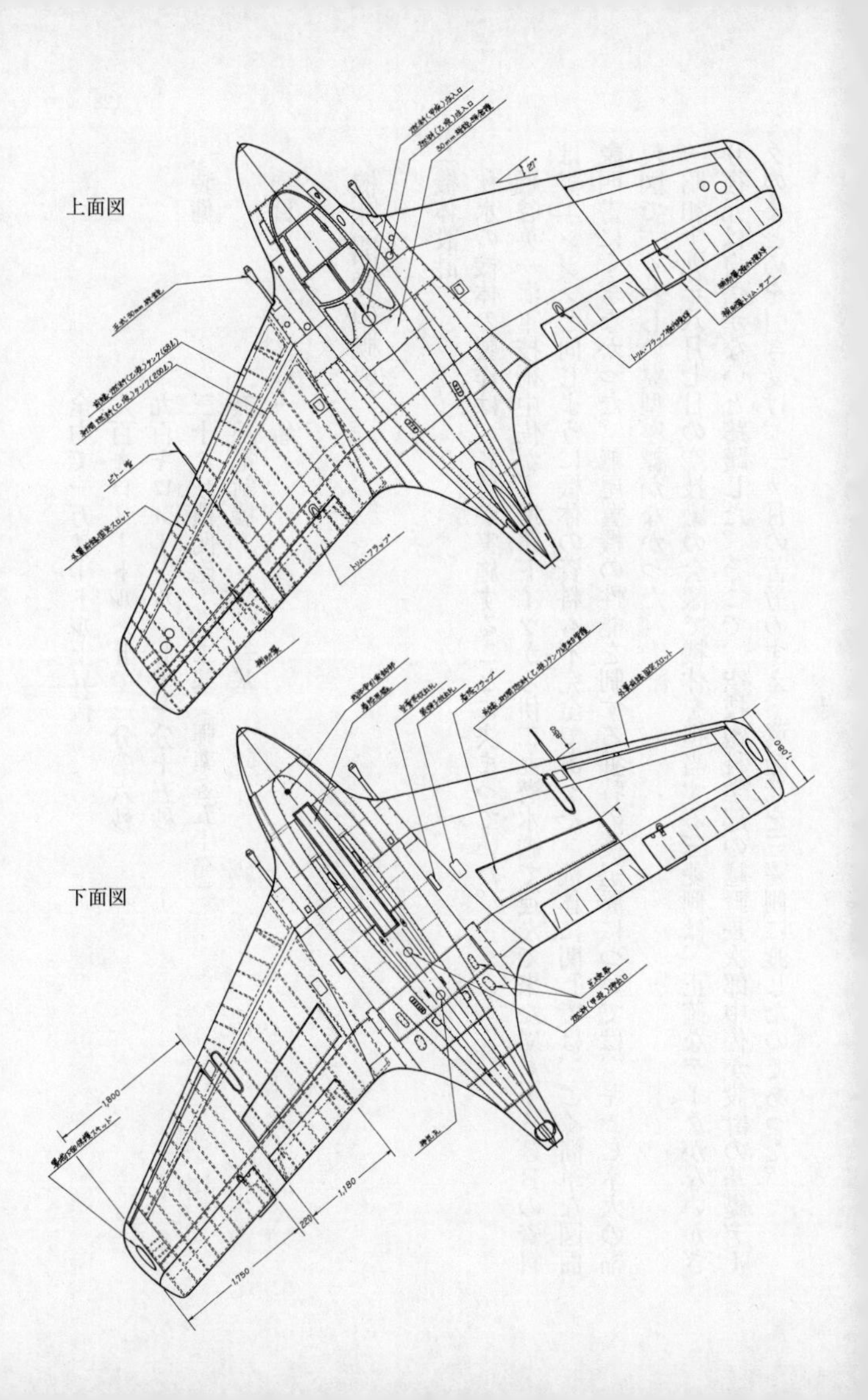
上面図
下面図
1,800
1,180
220
1,750
1,080

全力で一万メートル上昇後
六百キロメートル／hで三分〇六秒
九百キロメートル／hで一分十五秒
装備　三十ミリ機関砲　二基（弾薬各五十発）
無線電話機　一基
乗員　一名

## 機体開発の概要

［機体設計］
秋水の機体の製作は、名航が実施することに決まっていた。
巌谷英一海軍技術中佐が、遠路ドイツから伊二九潜水艦で運んで来たMe163Bの資料は、エンジンと同じように機体の資料も不完全であった。機体に関しては、ごく簡単な図面、説明書にすぎなかった。無尾翼機の性能を制する独特の後退翼については、キャビネ大の縮尺図で、くわしい翼型座標がなかった。
昭和十九年八月七日の空技廠の会議で機体を担当する三菱側は、正確なデータがないかぎり復元は自信がないと躊躇した。そこで、空技廠科学部の越野長次郎中佐が設計の基礎データのまとめを引き受け、一ヵ月の苦労のすえ、翼諸元を三菱側に渡したのであった。

◎三菱・名古屋航空機製作所（名航）の設計陣

設計主務者　高橋巳治郎
主翼　疋田徹郎、富田章吉
垂直尾翼　原田金次
動力　豊岡隆憲
胴体　楢原敏彦
兵装　土井定雄
艤装　蝦名　勇
降着装置・油圧　今井　功、中村　武
計算　貞森俊一
操縦装置　磯部保文
電装　小佐　弘

［機体の詳細］
秋水は、翼幅九・五メートル、全長六・〇五メートル（無線機の関係でMe163より百ミリ長い）、全高は二・七メートルである。秋水には水平尾翼がなく、木製の大きな垂直尾翼のみが立っている。方向舵は薄鋼板張りである。
主翼は胴体に対し二十七度の後退角を持ち、全木製である。胴体は断面が円形で、セミモ

三菱・小牧南工場史料室の「秋水」復元機

ノコック応力外皮式全金属製（超ジュラルミン）である。胴体の尾部はロケット・エンジンを収納するため、そっくり取り外せるようになっていた。

T液タンクは胴体内、操縦席の後ろ（九百六十三リットル入り）と左右（九十三リットル入り×2）に収められた（T液容量計千百五十九リットル）。

秋水の翼型は層流翼で、失速を防ぐため、前縁

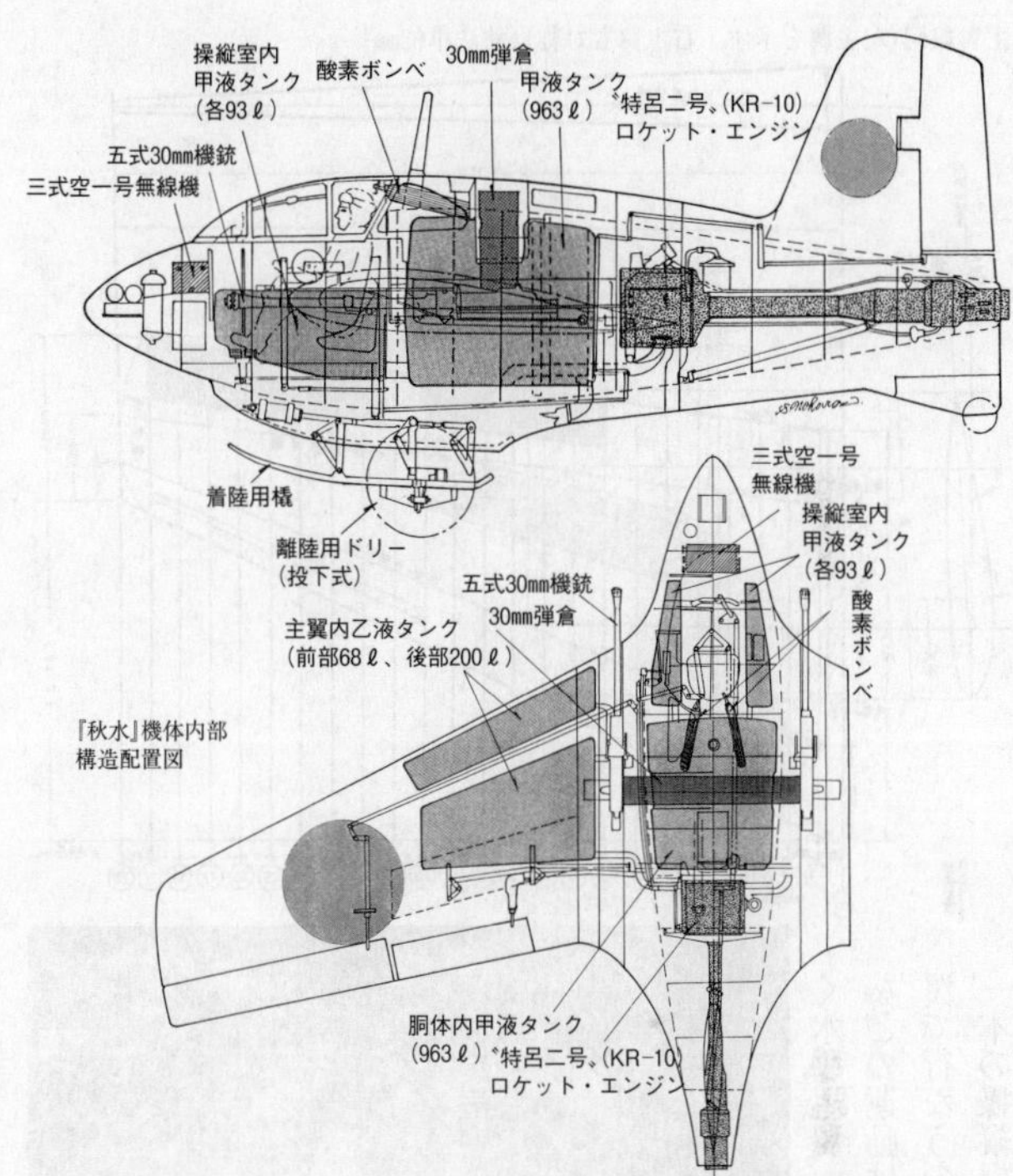


『秋水』機体内部
構造配置図

部にスロットを設けた。また翼端失速を防ぐため翼端で六度（前縁）の捩れ下げ角をつけた。このため翼面は複雑な立体曲面となった。この翼の中に、操縦系統の機器、C液の燃料タンク四個（百九十リットル入り二個、七十八リットル入り二個）および両翼の付根近くに三十ミリ機関砲が二門取り付けられる。弾帯は操縦席の両側から挿入し、片側五十発、計百発を積む。

秋水には昇降舵のつ

主翼線図(左主翼を示す。右主翼も対称)(寸法単位㎜)

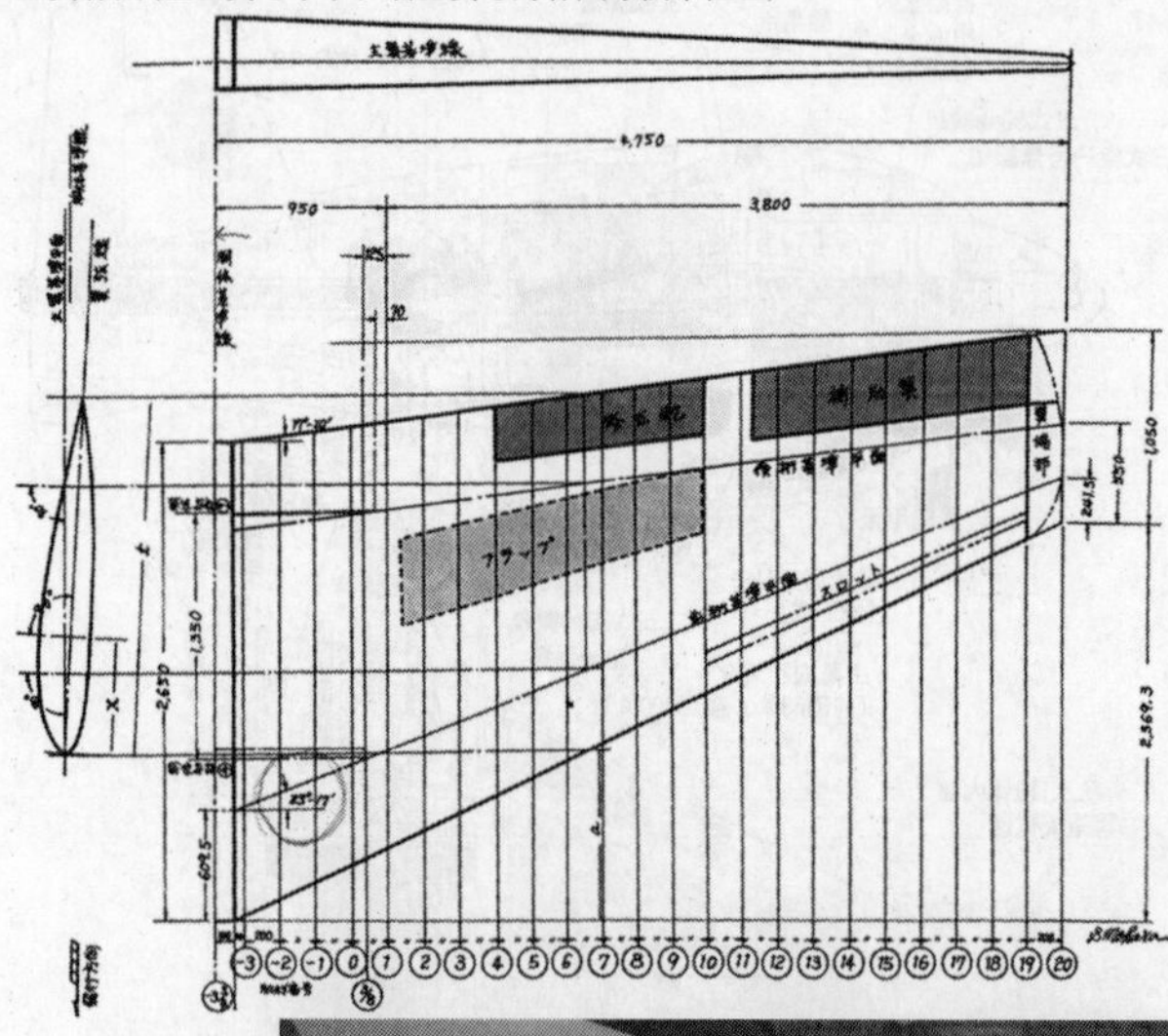


く水平尾翼がないので、上昇、旋回などの運動はすべて主翼にある補助翼で行なうのである。この両運動は、一本の操縦桿を前後・左右あるいは

秋水の主翼上面

斜めに動かすことによって行なわれる。

パイロットの防護装置として、座席の背当部は十六ミリの鋼板とし、前方は、計器板の上に七十ミリの防弾ガラスが取り付けられた（註：ドイツのＭｅ１６３は九十ミリであった）。

もし敵弾を受けて飛行不能になった場合は、操縦席右手の非常引き手を引くと、天蓋風防が自動的に機体からはずれ、離脱して落下傘降下ができる

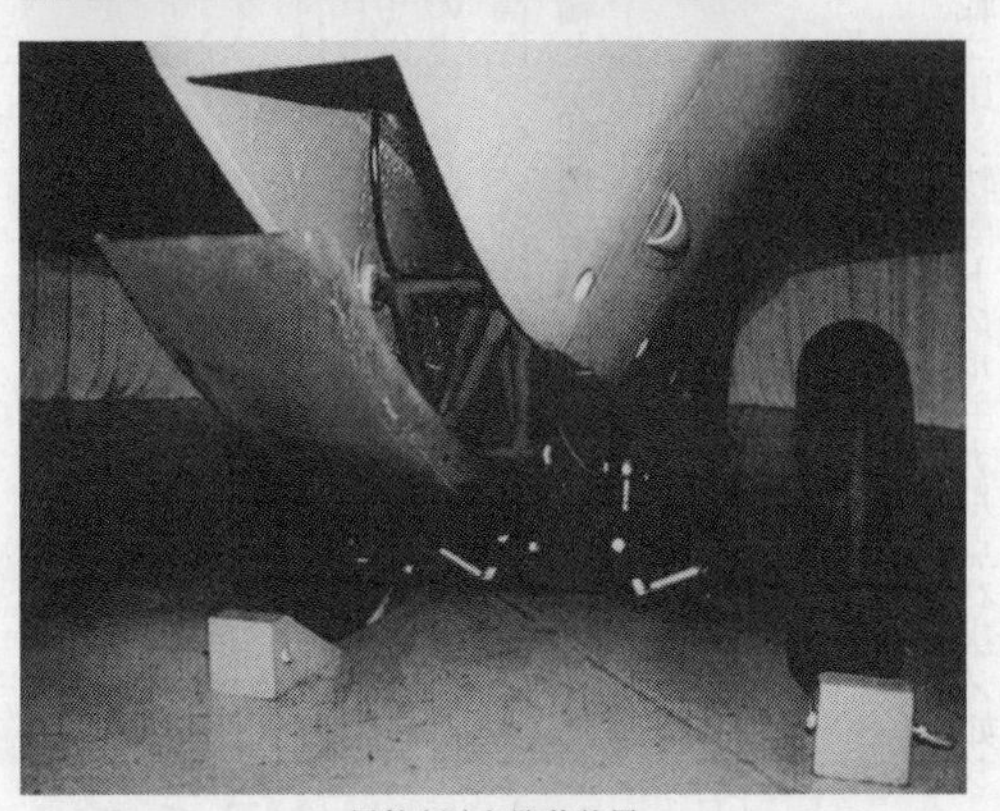

尾輪（上）と降着装置

ようになっていた。

秋水は、はじめ離陸するときは車輪によって滑走し、上昇したらただちに操縦席のバルブを開いて、主橇と尾輪を引っ込めると同時に車輪を機体から切り離して落下させる。上空で燃料を使い切ってからは、滑空しながら降下するグライダーになる。その降着装置として、胴体下部に、出し入れのできる鉄製の滑走用橇を付けた。その橇には車輪がピンで取り付けられている。着陸のときは操縦席の赤いレバーを引くと滑走橇が出て、地面をこすって停止する。尾輪は主橇と同時に作動する引込式で、このような装置の作動は、直径十センチ、長さ五十センチの百五十気圧高圧空気ボンベからの高圧空気で油圧作動ピストンを動かすことによって行なった。写真は尾翼部噴口と尾輪、車輪と着陸用橇である。

つぎに、三菱重工業株式会社第一製作所（名古屋航空機製作所が改称）が昭和二十年八月に作成した「秋水要目概説」を紹介する。

【秋水要目概説】［三菱・第一製作所第三設計課・昭和二十年八月・高橋］

①概説

本機ハ高高度用単座邀撃戦闘機ニシテ従来ノ乙戦ニ比シ特徴トスル主ナル点ハ次ノ如シ

1　推進機関　甲液ト乙液トノ混合燃焼ニヨル噴進式原動機特呂二号（ＫＲ10）ヲ胴体尾部ニ装備スル

2　上昇性能　著シク優秀ニシテ離陸後3分程度ニテ高度10000米ニ達ス

水平速度　又著シク大ニシテ480節ヲ出スハ容易ナリ
但シ航続時間ハ著シク短ク若シ全力連続ヲ行フ時ハ約4分間ニテ全燃料ヲ
消費ス

3　垂直尾翼ハ有スルモ水平尾翼ハ無シ　補助翼ヲ
昇降舵ニ兼用ス

4　離陸時ハ車輪ヲ使用スルモ離陸直後車輪ヲ投棄
シ着陸ハ橇ニテ行フ

秋水の操縦席

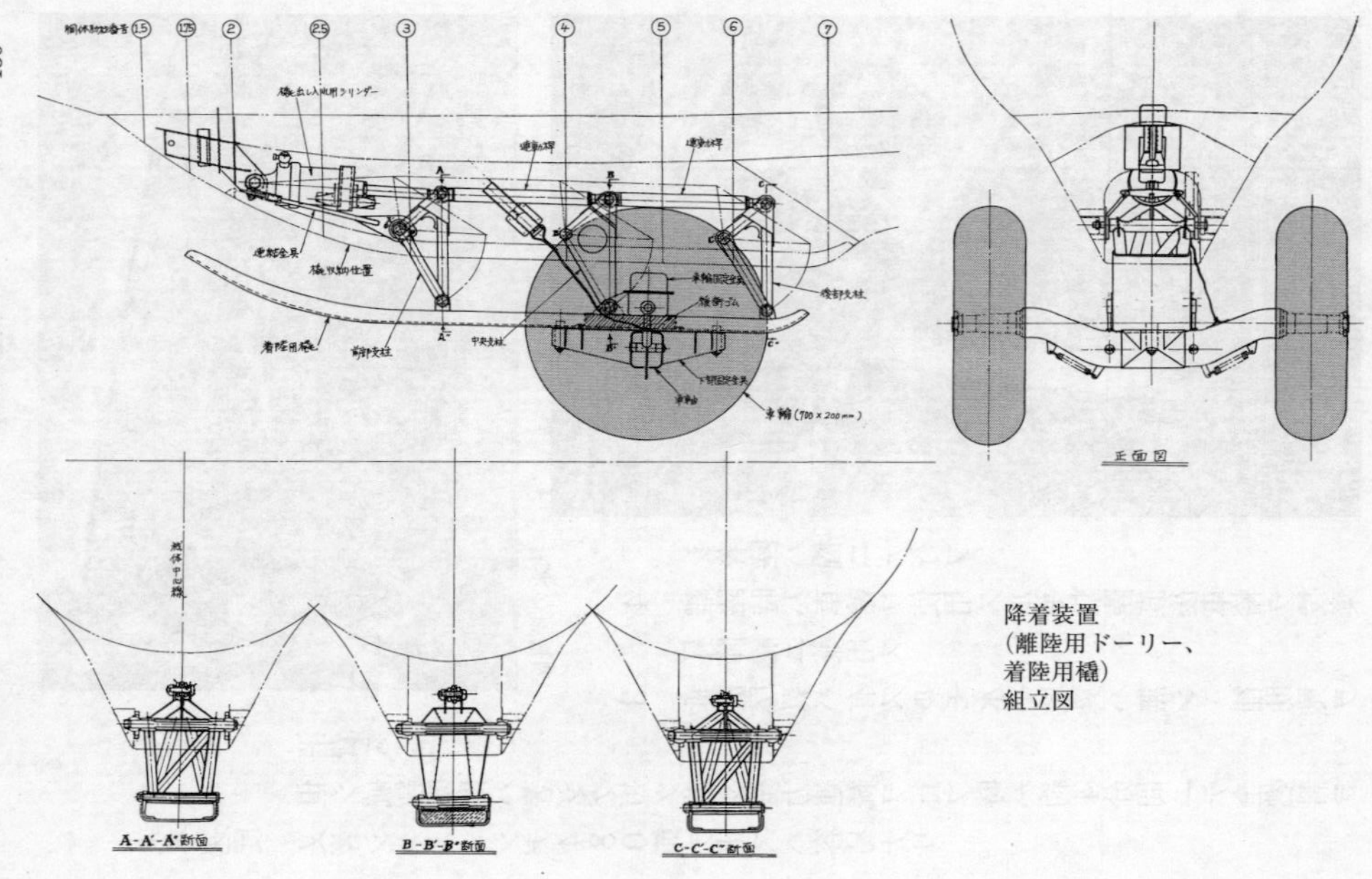


降着装置
（離陸用ドーリー、
着陸用橇）
組立図

②一般要目

| 項目 | 目 | 内容 | 備考 |
|---|---|---|---|
| 主要項目 | 全幅 | 九・五〇〇m | |
| | 全長 | 六・〇五〇m | |
| | 全高 | 二・七〇〇m | |
| | 主翼面積 | 一七・七三㎡ | |
| | 翼面荷重（離陸状態） | 二一八kg／㎡ | |
| | 翼面荷重（消費状態） | 九五・五kg／㎡ | |
| 重量重心 | 正規状態（離陸状態） | 三、八七〇kg | バラスト六〇kg含ム |
| | 同上　重心位置 | 一八・五%（相当翼弦長ニ対シ） | 同 |
| | 消費状態 | 一、六九六・六kg | 同 |
| | 同上　重心位置 | 一五・五八%（相当翼弦長ニ対シ） | 同 |
| | 自重 | 一、四四五・一kg | 同 |
| | 同上　重心位置 | 二四・六五%（相当翼弦長ニ対シ） | 同 |
| 主翼空力関係 | 最大厚サ（1番肋材） | 一四・三% | |
| | 最大厚サ位置（1番肋材） | 前縁ヨリ翼弦ノ三〇% | |
| | 最大厚サ（19番肋材） | 八・七% | |
| | 最大厚サ位置（19番肋材） | 前縁ヨリ翼弦ノ二〇% | |
| | 捩り下げ | 六度（前縁） | |

②一般要目―2

| 項 | 目 | 内容 | 備考 |
|---|---|---|---|
| 主翼空力関係 | 後退角 | 二七度（前翼） | |
| | 上反角 | ○度 | |
| | 相当翼弦長 | 一・九八五m | |
| | 垂直安定板面積 | 一・○三㎡ | |
| | 方向舵面積 | ○・五六四㎡ | 平衡部ヲ含ム |
| | 補助翼（昇降舵）面積 | ○・六五×2㎡ | 平衡部ヲ含ム |
| | 補助翼平衡部 | 二六％ | |
| | 釣合修正舵面積 | ○・三三六×2㎡ | |
| | 下ゲ翼面積 | ○・七三×2㎡ | |
| | 前縁スロット | ○・二八×2㎡ | |
| 強度 | 引キ起シ | 重量3,000kgニテ保安7G | D状態補強型ニナル |
| | 背面引キ起シ | 重量3,000kgニテ保安3.5G | マハデ（2,680kg2G） |
| | 制限速度 | 最大真速四八五節 | （飛行制限参照） |
| 主要材料 | 主翼 | 木製 | |
| | 垂直安定板 | 木製 | |
| | 小翼類 | ブリキ及ジュラルミン混用 | |
| | 胴体 | ジュラルミン | |
| | 薬液槽及配管 | 純アルミニユーム | |

②一般要目―3

| 項目 | | 内容 | 備考 |
|---|---|---|---|
| 性能 | 離陸滑走距離 | 八二二m | 下ゲ翼三〇度使用 |
| | 離陸速度 | 一三四・五ノット | |
| | 出発ヨリ一万米迄ノ上昇時間 | 三分三一・五秒 | |
| | 一万米ニオケル　薬液残量 | 二一七kg | |
| | 着陸速度 | 八二・八ノット | 下ゲ翼　〇度、昇降舵△一五度使用 |
| | 着陸滑走距離 | 四七一m | |
| 兵装 | 十七試三〇粍機銃 | 二門 | |
| | 同上用　弾薬 | 一〇〇発 | |

## ロケット・エンジンの詳細

［設計陣容］

三菱名研の研究部研究課ディーゼル係が昭和十九年八月から秋水係に変わり、ロケット・エンジンの設計を担当することになった。

課長は成田豊二氏、係長は持田勇吉技師である（のちに成田課長は研究部長に、持田さんは原動機研究課長となる）。

〝特呂二号〟(KR−10)ロケット・エンジン外観図

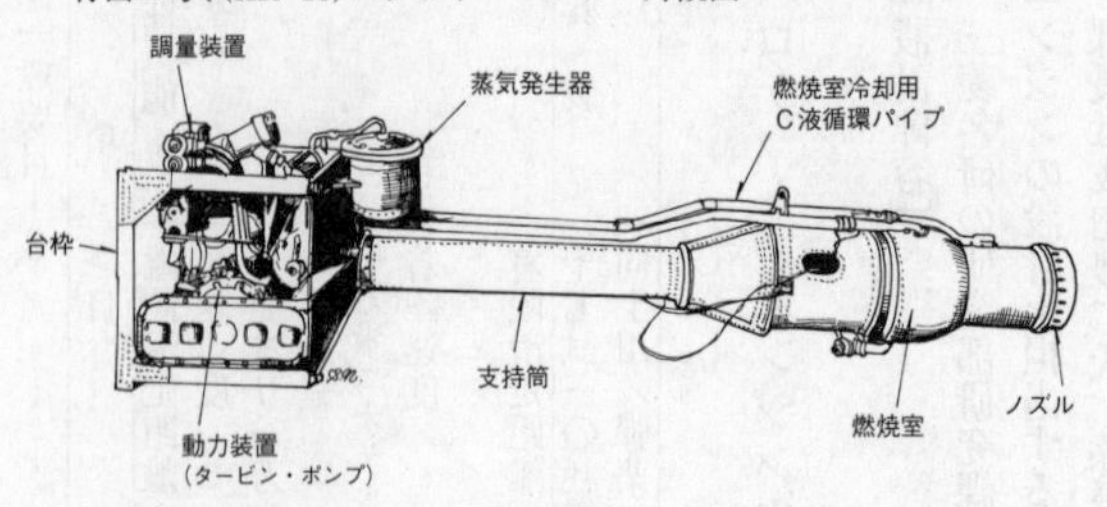


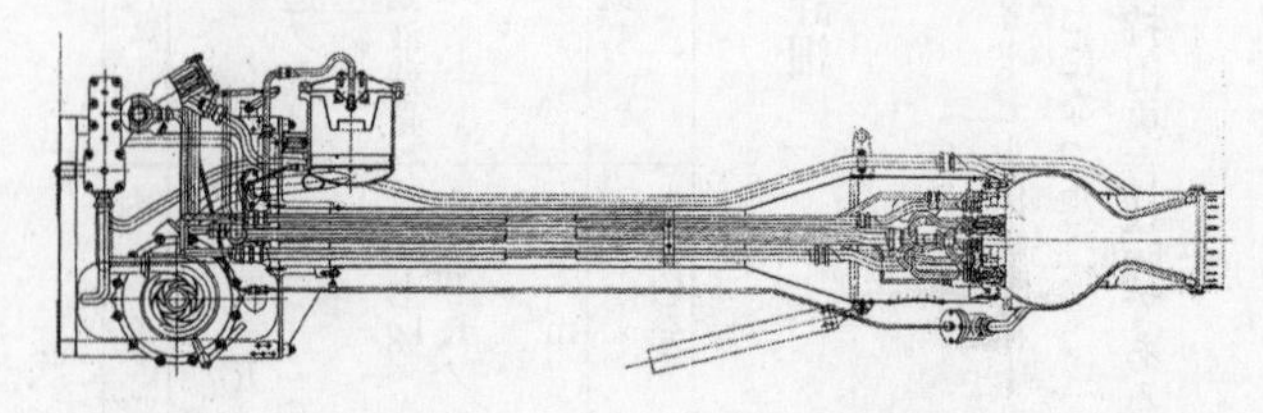

特呂二号　ＫＲ10　総組立図

秋水ロケット原動機開発当初の設計陣容は、つぎのようであった。

総　括　持田勇吉
動力装置　田島孝治、望月卓郎
調量装置　川原田春夫
調圧装置　伊藤雄幸
蒸気発生器　多和田義一
燃焼装置　牧野育雄、鈴木敏雄
のちに田口雄幸
噴射器　〃
噴射実験　服部益也、三浦克之
のちに小栗正哉

[概要]

薬液ロケットは機体内に貯えた燃料と燃料の酸化剤（たとえば液体酸素とか過酸化水素）とを燃焼室で混合して燃焼させ、できた高温高圧ガスを燃焼室のノズルから高速で噴出させて、その反動で推進するものである。燃料と酸素を自身の機体内に貯えているので、酸素の無い大気中または宇宙空間でも飛行できるのが特徴である。

「秋水」のロケット燃料は、
①酸化剤として甲液（八十パーセントの濃い過酸化水素水溶液、比重一・三六）
②燃料として乙液（水化ヒドラジン三十パーセントとメタノール五十七パーセントおよび水十三パーセントに銅シアン化カリを乙液一リットルあたり二・五グラムを混入したもの）
とである。以下、甲液をT液、乙液をC液と呼ぶことにする。

秋水の原動機はワルター式原動機についての簡単な資料をもとにして三菱が設計し、試験、改良して完成したもので、ドイツの原型とは相当に異なるところがある。

［秋水原動機の主要目および使用薬液］

| | |
|---|---|
| 全長 | 約二千五百ミリ |
| 全幅 | 約　九百ミリ |
| 全高 | 約　六百ミリ |
| 全重量 | 百七十キロ |
| 最大推力 | 千五百キロ |

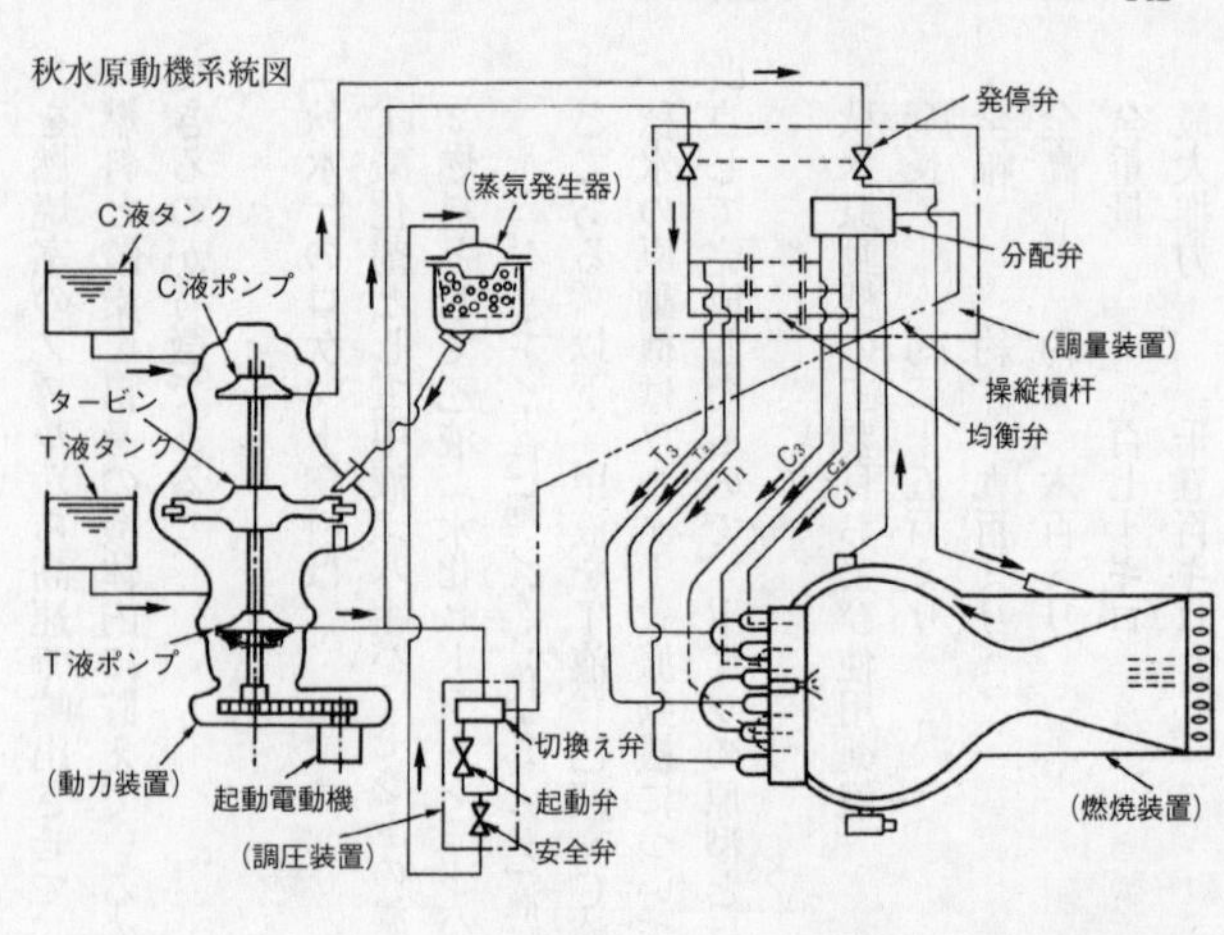

秋水原動機系統図

最小推力　　　百キロ
比推力　百八十キロ／薬液一キロ／秒
タービンポンプ回転数一万四千五百rpm
起動電動機　二十四V・一KW

「使用薬液」

T液　比重一・三六（十五℃にて）
過酸化水素の八十パーセント水溶液、
これに安定剤として8オキシキノリン
およびピロ燐酸ソーダなどを添加する

C液　比重〇・九〇（十五℃にて）
水化ヒドラジン（$N_2H_4H_2O$）三十パー
セント
メタノール（$CH_3OH$）五十七パ
ーセント
水（$H_2O$）　十三パー
セント
銅シアン化カリ（$KCu\langle CN\rangle_3$）二・五

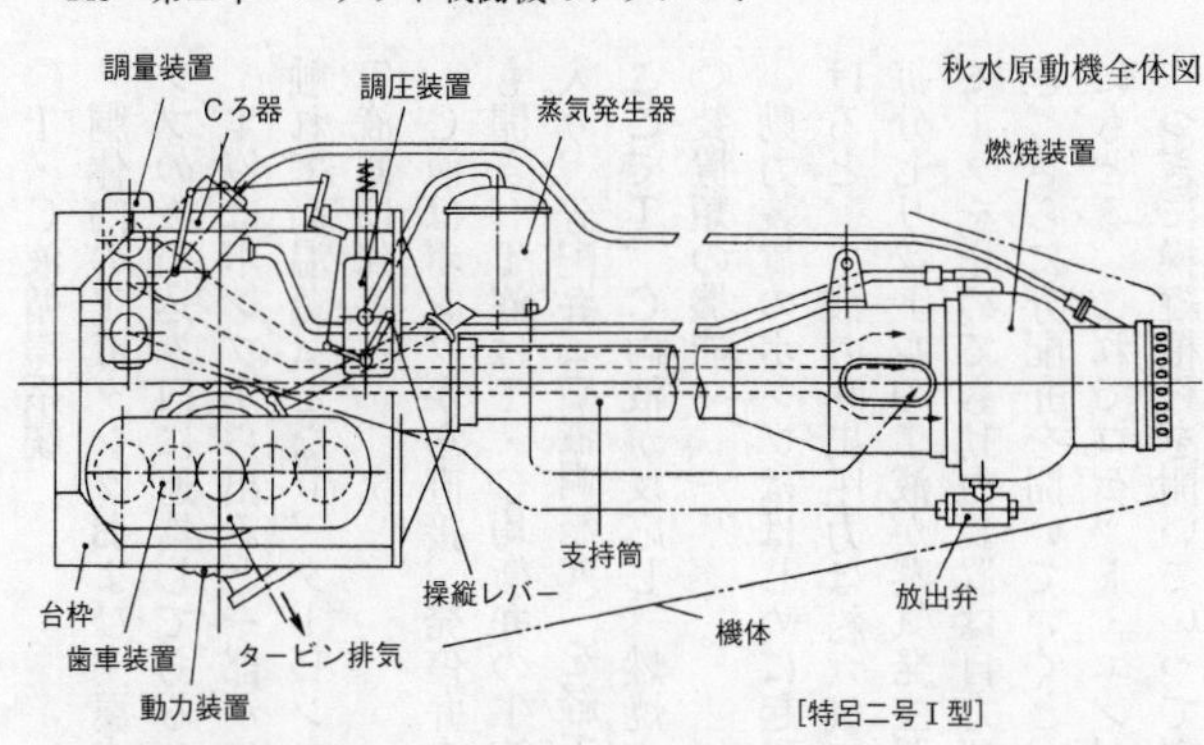


グラム／一リットルC液（反応促進剤）
T液：C液混合比（重量）T：C＝一〇：三・六
T液分解用触媒
二酸化マンガン（$MnO_2$）、過マンガン酸カリ（$KMnO_4$）、苛性ソーダ（NaOH）などをセメントで約八ミリ角の六面体に練り固めたもの
蒸気発生器内の触媒容量　二リットル

［全体機能解説］

装置全体は台枠および諸管装置によって「秋水」機体の後半部に取り付けられる。

動力装置は歯車装置と結合せられて台枠の下方中央部に位置す。調量および調圧装置は台枠の上方に位置す。燃焼室は台枠の後部中央に取り付けられたる長き支持筒の後端に位置す。燃料噴射器は総数十二個あり、これは燃焼室底板に取り付けらる。蒸気発生器は台枠の後上方に位置す。

◎T・C液循環系統

胴体内のT液タンクおよび主翼内のC液タンクからそれぞれ送給管がT液ポンプ、C液ポンプの吸い込み口に連結してある。

T液はポンプから出ると一部が分流して調圧装置を経て蒸気発生器に入り、ここで触媒に触れて高温蒸気となり、タービンを回転して大気に排出される。T液の他の部分は発停弁のT液側に到る。

C液はポンプから直接、発停弁のC液側に入る。C液側の発停弁が開くと連動してT液側も開き、T液はT・C均衡弁のT液側を通って噴射器に達する。また、C液は燃焼室外筒に入り、分配弁（C液調整弁）を経て均衡弁のC液側を押し開いて燃焼室内の噴射器に到る。ここでT、C両液が反応し、燃焼する。

◎装置類の機能

動力装置のポンプははじめに起動用電動機で主軸を回転して、回転数を六千rpmまで上げると、T液の吐出圧力は約六気圧となる。そこで調圧装置の起動弁（緩速弁）を開くと、毎分七リットルのT液が蒸気発生器で気化されてタービンに送り込まれるようになり、起動モータを止めても動力装置は自力運転するようになる。つぎに操縦槓杆によって発停弁を開き、さらに分配弁を開いていくと、C液は燃焼室の冷却外筒を満たし、濾過器を経て発停弁にもどる。これでロケット・エンジン発動の準備ができたわけである。

つぎに操縦槓杆を開いていって調圧装置の主通路が開くと、ポンプの回転数が上がってきて、それにしたがって分配弁（C液調整弁）一速、二速、三速と三段に開き、これに応じて燃焼室内で作動する噴射器の数が増加し（二個、二＋四個、二＋四＋六個の順で）、結局、最高十二個の噴射器からそれぞれT、C、両液が噴射され燃焼を行なう。この間、調量装置に均衡弁があってT液の噴射圧力をC液の圧力にならって調整して、T液・C液の噴射比（1：0・36）をつねに一定に維持する働きをして燃焼状態を良好に保つ。

また、調圧装置の安全弁はポンプ吐出圧力が急激に規定以上に昇るようなことがあった場合、T液が蒸気発生器へ行く路を遮断して過回転を防止する。急停止の場合、燃焼室冷却外筒の圧力が分配弁B部の圧力より非常に大きくなると、C液放出弁が開いて外筒内のC液を還流させるようになっている。

［装置別構造詳細］

秋水原動機を構成する装置は、つぎの九部分に分かれている。

①歯車装置
②動力装置
③調量装置
④調圧装置
⑤燃焼装置
⑥噴射器

⑦蒸気発生器
⑧台枠および諸管装置
⑨操縦装置

［KR10ロケット・エンジンの予想性能］

左記の図表は、昭和十九年十一月にMe163ワルターエンジンの資料から持田勇吉氏が作成したKR10原動機の「予想性能」である。完成後の秋水実機の緒元とは異なる。

①歯車装置

動力装置のT液ポンプ側の端部に歯車装置があり、その一端に爪形クラッチを介して小型の起動電動機が取り付けてある。始動はこの電動機にて行ない、歯車列を経て動力装置主軸を回転させる。他端には回転計が取り付けられている。回転計元軸は減速比1／10のウォーム歯車により回転計取り付け軸を駆動する。

操縦席のスイッチを入れると、電動機は六千rpmくらいに上がり、動力装置主軸は約三千rpmになってT液ポンプの吐出圧は約二キロ／平方センチになり、まずT液が蒸気発生器に送られて蒸気を発生してタービンを回し、動力装置が自転をはじめる。主軸回転が高まれば自動的に電動機を無縁にし、スイッチも切れ、自力回転となる。起動電動機は三菱電機製であった。

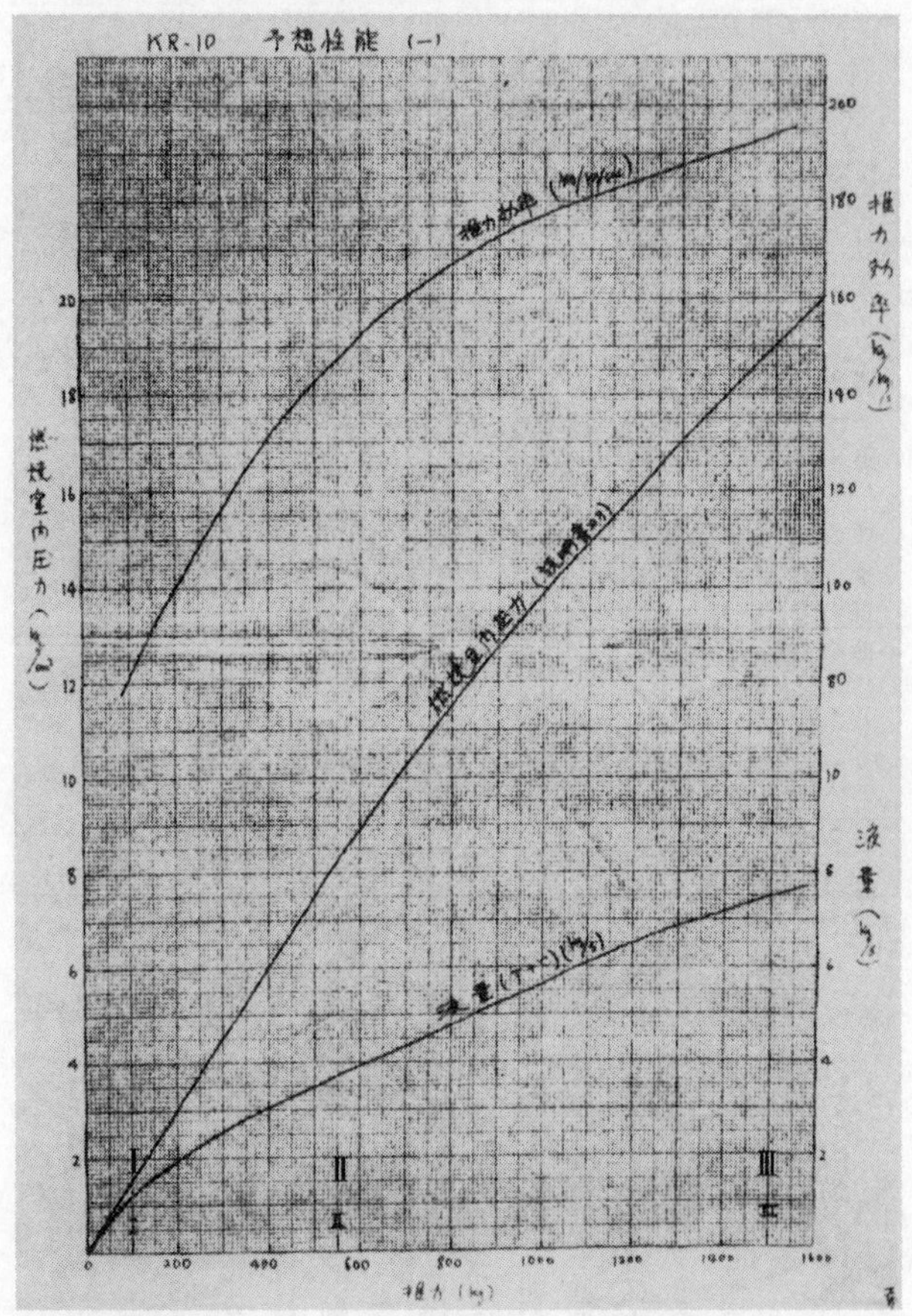


「秋水」KR10ロケット・エンジンの「予想性能」(原青図筆者所蔵)。昭和19年11月14日、持田係長が作成したものである。右下隅にモチダのサインがある。図中、Ⅰは1速、Ⅱは2速、Ⅲは3速である

KR−10　予想性能

| | |
|---|---|
| 起動回転数 | 5,000 (or 4,000 ) |
| 緩速 | 5,000 ～7,000 |
| 一速 | 8,000 |
| 二速 | 11,500 |
| 三速 | 15,500 |

| | 0 | Ⅰ | Ⅱ | Ⅲ |
|---|---|---|---|---|
| 噴射器作動数 | 0 | 2 | 6 | 12 |
| T+C液量　(kg/s) | 0 | 1.25 | 3.75 | 7.50 |
| T　量　(lit/s) | 0 | 0.70 | 2.10 | 4.20 |
| C　量　(lit/s) | 0 | 0.34 | 1.00 | 2.00 |
| 燃焼室内圧力　(kg/cm ) | 0 | 1.8 | 8.2 | 19.0 |
| 推　力　(kg) | 0 | 90 | 560 | 1.500 |
| 推力効率　(kg/kg/s) | - | 80 | 147 | 195 |
| 液噴射圧力 | 0 | 5.8 | 12.2 | 23.0 |
| Cポンプ吐出圧力 | 5 | 7 | 14 | 25 |
| タービンポンプ回転数 | 7,000 | 8,000 | 11,500 | 15,500 |
| タービン用蒸気量 (kg/s) | 0.04 | 0.09 | 0.18 | 0.32 |
| 同上　圧力(kg/cm$^2$) | 3 | 4 | 8 | 15 |

モチダ

KR10ロケット・エンジン「予想性能（2）」。昭和19年11月、持田係長が作成

②動力装置

本装置はロケット・エンジンの原動力たるT液およびC液をタンクより送出する二個のポンプ扇車、および扇車主軸と駆動するタービン部分などで構成される。

六個の部分により構成せらるる動力装置筐の内部に二個の軸受に支えられて回転し得る主軸を有する。主軸の中央部にはタービンディスクが一体として削出され、その同軸上両側にT液及C液用の遠心扇車が取り付けられる。

タービンの動翼は18・8不銹鋼製にしてタービンディス

KR－1　台　　　　　　　　　　19-11-14　　ﾓﾁﾀﾞ

**蒸気発生器試験**（ポンプ ハ 水循環）

1. 口金 水 試験
2. 空気圧ニ依ル 水試験
3. 蒸汽　大気噴出
4. タービン駆動　L, 0, I, II, III
5. 始動試験

条件

口金　T 0.3 kg/secﾉﾄｷﾉ噴射圧ヲ 2.0 kg/cm2 ﾄｽ

蒸汽噴口　　正規ノ噴口 取付　（15 φ）

ポンプ吐出噴口　　T　（水）

　　　　　　　　　C　（水）

予想性能

| | L | 0 | I | II | III |
|---|---|---|---|---|---|
| T噴射圧 (kg/cm2) | 2.03 | 2.52 | 3.56 | 8.63 | 16.60 |
| T流量 (kg/s) | 0.04 | 0.06 | 0.09 | 0.18 | 0.32 |
| 蒸気室圧力(kg/cm2) | 2.0 | 2.45 | 3.40 | 8.0 | 14.60 |
| 蒸気温度℃ | 200 | 250 | 300 | 350 | 400 |
| ポンプ回転数 | 5,000 | 6,300 | 8,000 | 11,500 | 15,500 |

試験予定

| | | | | | | | |
|---|---|---|---|---|---|---|---|
| 大気 | 1. | L | 1分 | ポンプ駆動 | 7. | L | 1分 |
| | 2. | 0 | 1分 | | 8. | 0 | 1分 |
| | 3. | I | 1分 | | 9. | I | 1分 |
| | 4. | II | 1分 | | 10. | II | 1分 |
| | 5. | III | 1分 | | 11. | III | 1分 |
| | 6. | III | 4分 | | 12 | IV | 1分 |

始動ｼｹﾝ13.　始動モーターデﾏﾜｼ ソノ間、Tヲ送リ 1分以内デ起動ｾｼﾑ　　↑押圧ヲｼﾗﾍﾞﾙ

試験期日

昭和19年11月17日～22日

KR10蒸気発生器試験計画。「19.11.14モチダ」のサインがある

クの外周に植込まれる。噴口は再噴射式にして、第一段は18・8不銹鋼削出単孔式、第二段は18・8不銹鋼鍛溶接品である。タービン筐は鋳鉄製である。

◎動力装置駆動タービン

動力装置

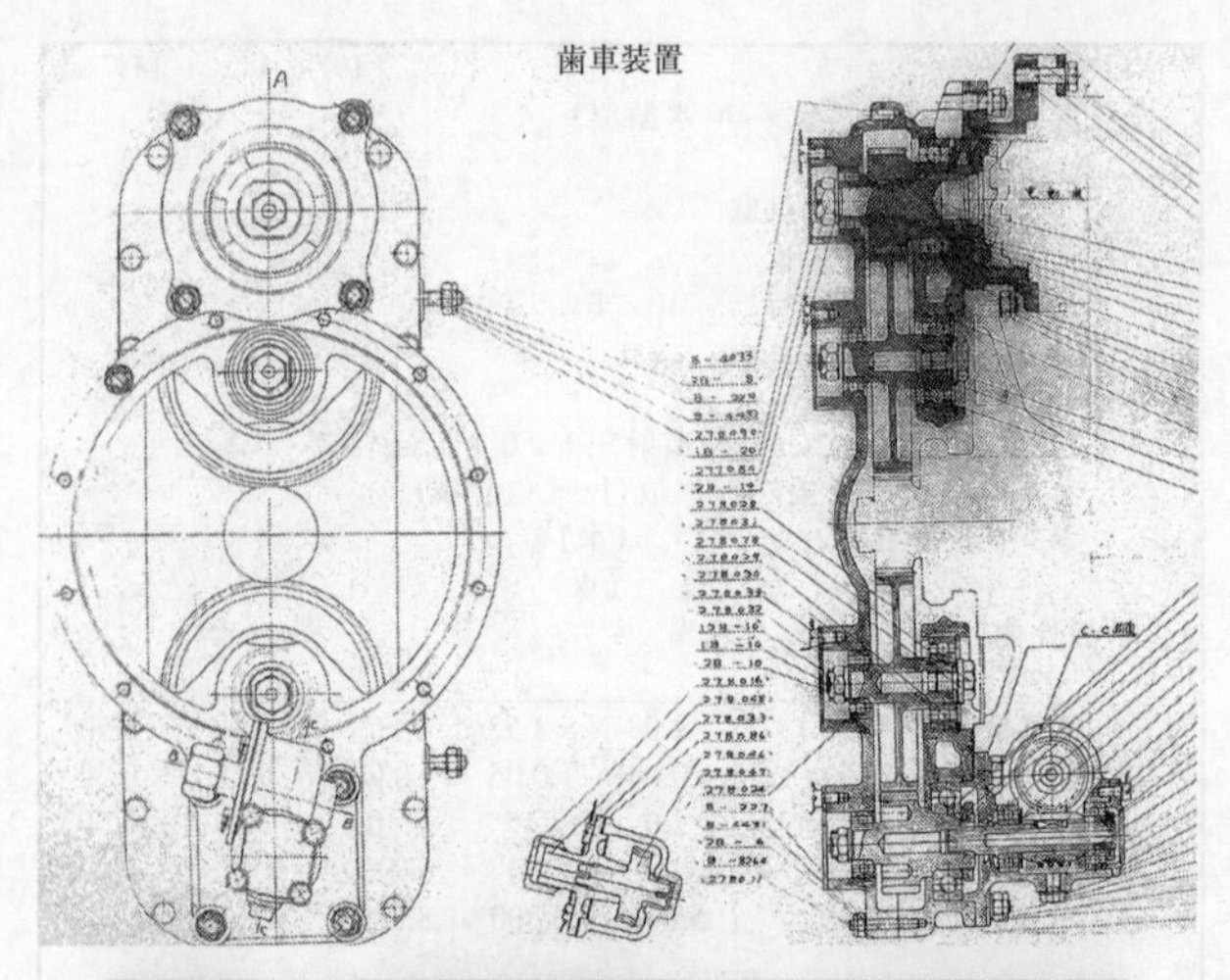
歯車装置

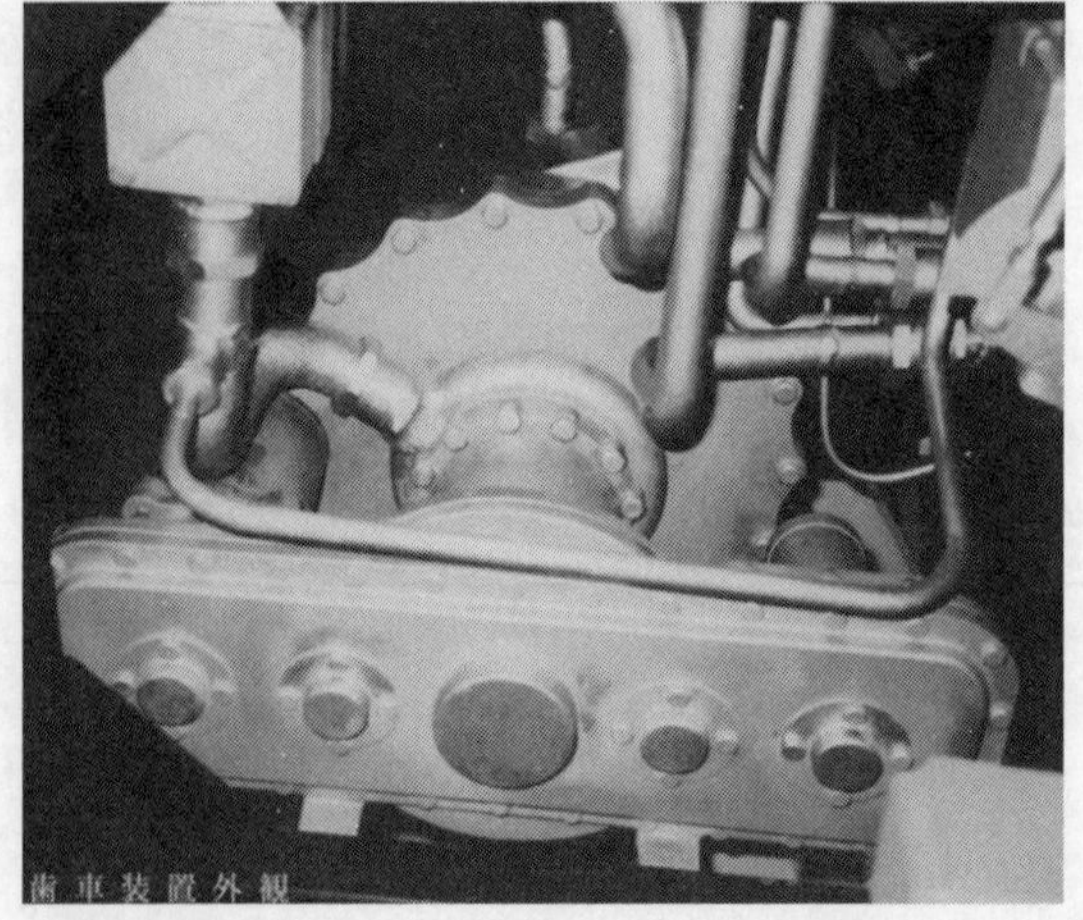
歯車装置外観

の駆動は、T液を蒸気発生装置の中に置かれた酸化促進触媒によって分解される約五百℃、約十キロ／平方センチの発生蒸気〇・四キロ／秒で駆動される、小形の一噴出口、単列翼車のインパルス・タービンで、この設計は一発で成功した。

力装置の主要目

回転数　一万四千五百rpm

タービン　駆動ガス　過酸化水素の分解で生ずる蒸気
　ガス流量　〇・四キロ／秒
　圧力（噴口前）　十キロ／平方センチ
　温度（噴口前）　五百℃
　形式　衝動単列翼車、外径二百二十ミリ
　出力　約百馬力

T液ポンプ　液体　T液
　形式　軸流前翼付き遠心扇車
　遠心扇車外径　九十八ミリ
　吐出圧　三十一キロ／平方センチ、吐出量六・二キロ／秒

C液ポンプ　液体　C液
　形式　軸流前翼付き遠心扇車

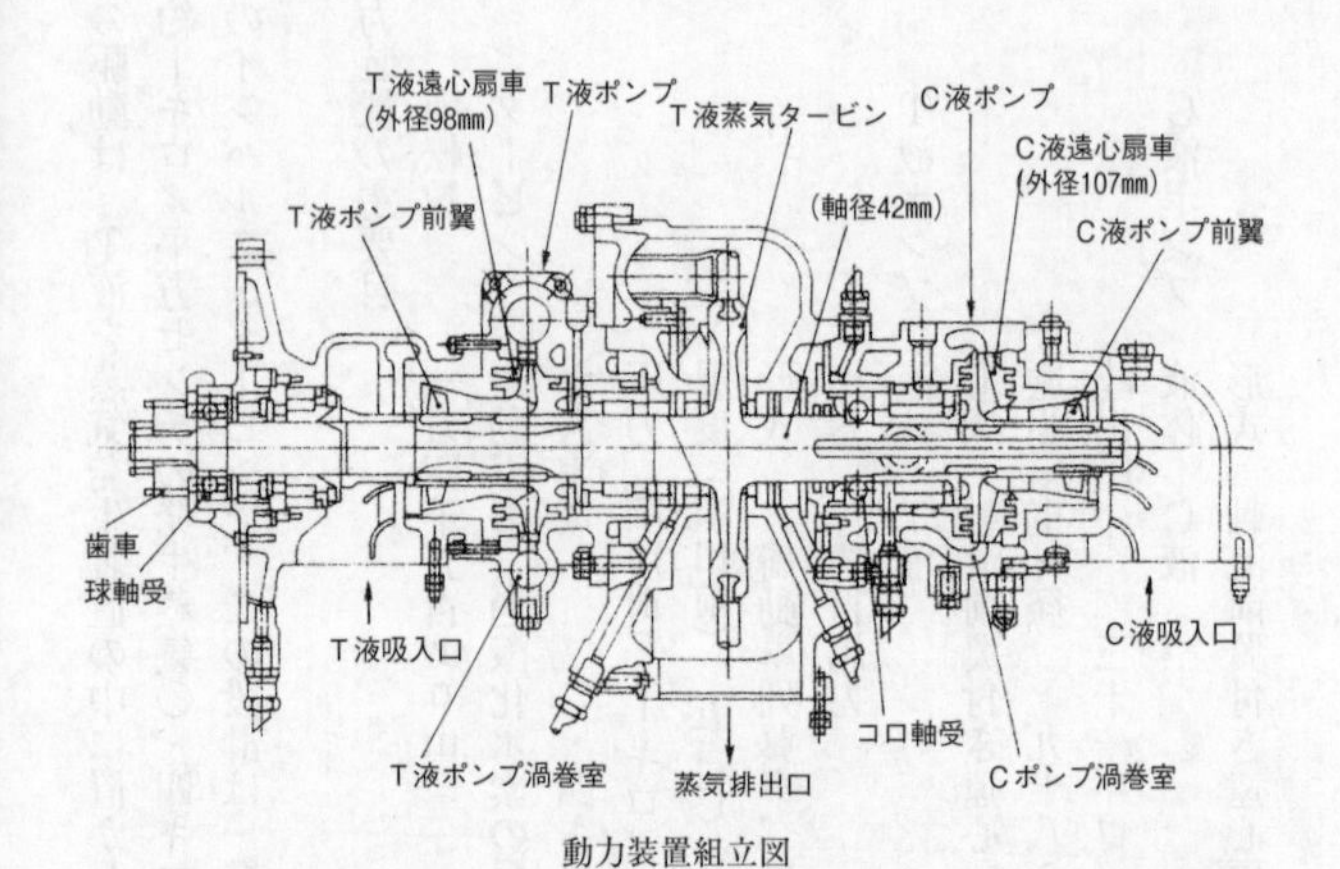


動力装置組立図

動力装置の外観

遠心扇車外径　　百七ミリ

吐出圧　二十九キロ／平方センチ、吐出量二・一キロ／秒

前頁上図は動力装置組立図、下段には動力装置外観を示す。ただし、上図のT液ポンプ、C液ポンプの部分は設計中間段階のものであり、最終的には後述するように、第一前方翼車、第二前方翼車および固定の中間案内翼がポンプの遠心主扇車に付属して構成される。

動力装置の主要材料

タービンディスク　18・8不銹鋼

動翼・噴口　18・8不銹鋼

ケーシング　鋳鉄

パッキン　過酸化水素に対し安全なカーボン

ポンプケーシング　軽合金鋳物

扇車　軽合金鋳物

ベロー　真鍮板に錫メッキ

パッキン　カーボンのベークライト処理品および特殊合成ゴム

T液とC液とは遭遇すれば、ただちに猛烈な爆発を起こすので危険きわまりない。ゆえにタービンとT、C各ラビリンス付きポンプ扇車の間には、スリップカーボンとベローズを挿

入し、スプリングを組み合わせカーボンで滑動させて、T、C両液の完全遮断を期してある（三菱の二点支持型では中央にタービン室があるため事故はなかったが、海軍空技廠の設計改修した三点支持〈軸受三個型〉のものでは爆発事故を起こしたことがある）。

T、C両ポンプを出た液は管を通って調量装置に入る。さらにT液の一部は調圧装置を経て蒸気発生器に入る。

ポンプの扇車および筐体はシルミン製である。扇車はT側およびC側とも、遠心式主扇車と軸流式前方扇車との組み合わせにより構成される。遠心式主扇車は小型の組み合わせ式構造のもので、前方および後方に櫛型構造の水漏防止部を有する。

本扇車の外径、翼、出口端の角度、形状、翼入口端の形状ならびに水通路の内壁の仕上程度は、本ポンプの性能に多大の影響をおよぼすので、充分、入念に製作する必要がある。

軸流式前方扇車はT側C側ともそれぞれ二組のプロペラ式形状のもの（第一および第二）を並用するもので、これらの仕上げ程度とくに翼前縁の形状は本ポンプの高空性能に影響するところきわめて大なるゆえ、充分、入念に仕上げられることを要する。

前方翼車と主扇車との間には固定の中間案内翼がある。

回転軸と筐体との間の液の漏れ止め構造は、図に示すごとく、ベローズおよび発条により特殊カーボン製の環を押し、環と回転軸に固定せられた鍔との摺動面により「パッキング」を行なうものである。本構造は三ヵ所にある。

主軸の歯車装置側端部には、T液の「ドレン」と球軸受潤滑油との混合をさけるため「クロロプレン」製環を設ける。

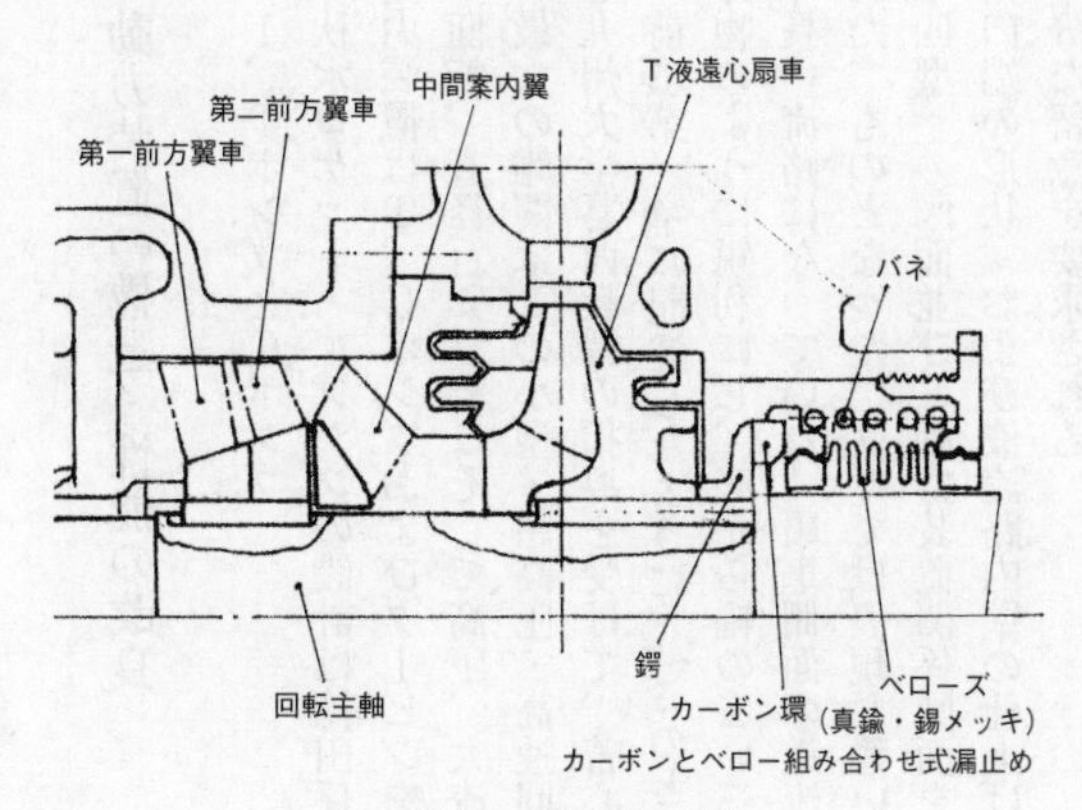

T液ポンプ扇車部の詳細

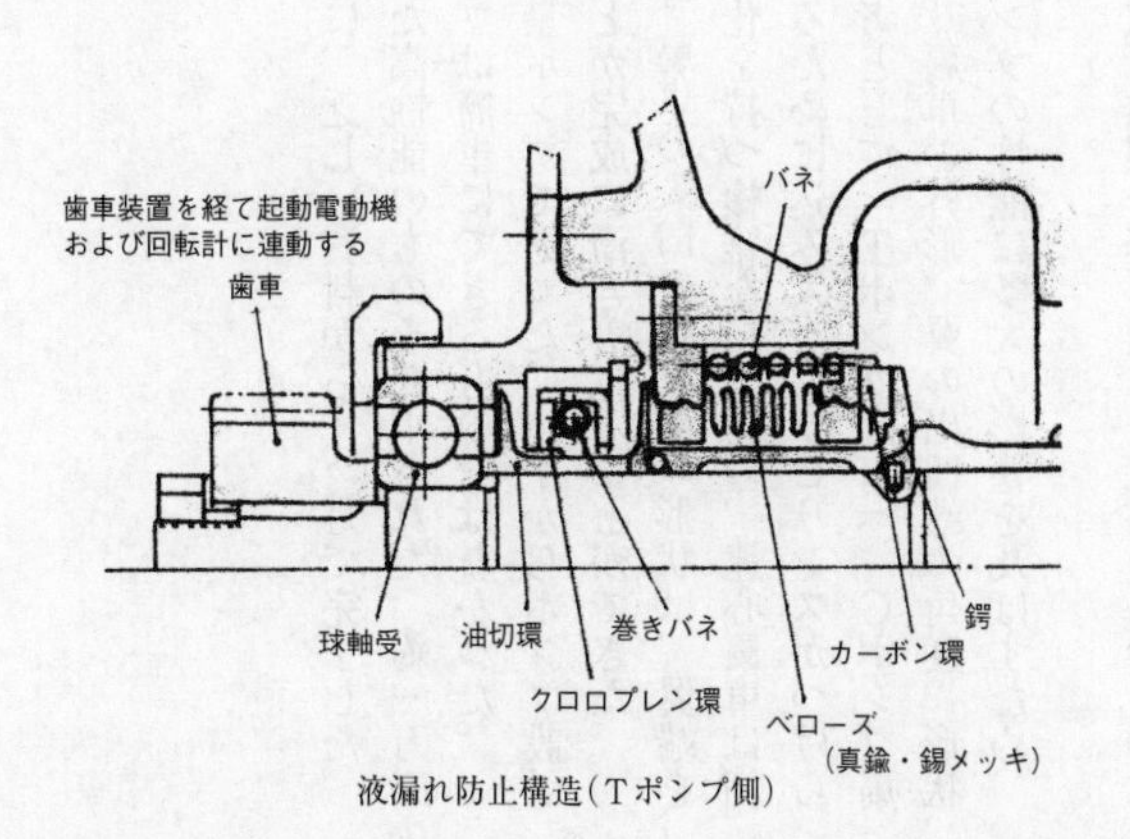

液漏れ防止構造（Tポンプ側）

## 動力装置の構造・性能の改良

### 1、TポンプとCポンプ

秋水ロケット・エンジンの設計は持田係長を中心に、乏しい資料から一ヵ月で完了した。動力装置はT、Cポンプおよびタービンを一体とした高性能のものを要求された。約一万五千回転、直径百ミリそこそこで高圧、大流量のポンプは簡単にできるものではなかった。最大の難関はこの小型・超高圧・高速回転・大流量ポンプであった。途中からポンプ設計を九州大学葛西教授の指導を受けて、苦心してなんとか完成に漕ぎ着けることができた。

前項第一章に記述したように、『このときのポンプ扇車の入口の軸流部の形状は、翼端を刃物のように鋭利にし、底から幅の広い三次元に変化を持つ複雑な形であり、遠心扇車は細く長い流路になっていた。扇車側面の逆流を防止するために込み入ったラビリンスがつけられた』ものとなった。文章では表現し難いので、参考として「Tポンプ扇車」、「Cポンプ扇車四型」の図面並びに動力装置関係図面を記載する。扇車の外形、翼の出口端の角度、形状、入口端の形状、および液流路内壁の仕上げ程度はポンプの性能に多大の影響を及ぼすため、十分な留意を要求される。

かくてポンプ扇車の形状は、最初の単調な形から試行錯誤を経て複雑な流路をもつものになった。主扇車の前に前方翼車が付き、さらに第二前方翼車が増えた。はじめに無かった中

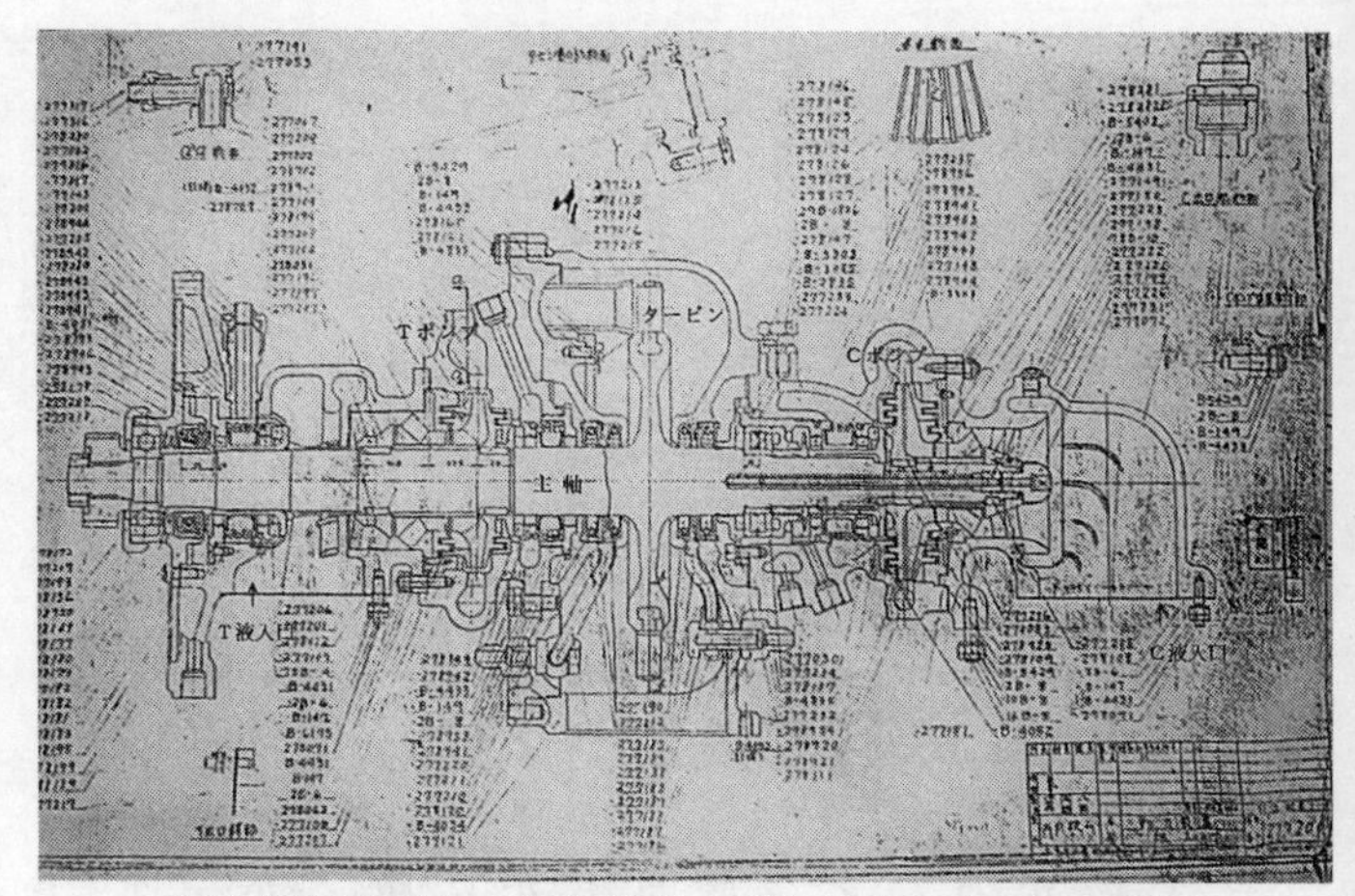


動力装置組み立て図。秋水係が製図した原図。伊藤、田島のサインがある

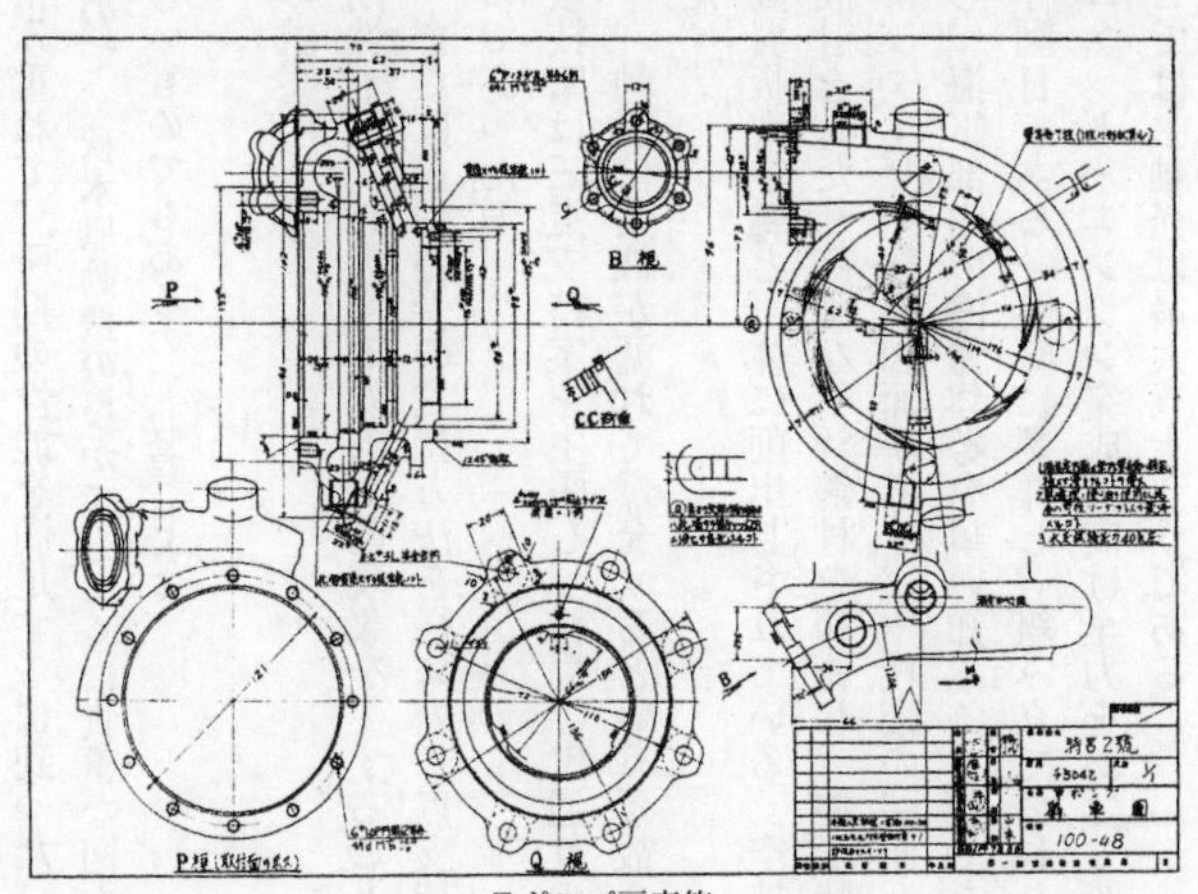


Tポンプ扇車筐

間案内翼が追加され、それぞれ無数の試作を積み重ねて、所期の性能を満足するに到った。
(註：この図面は二〇〇五年六月に発見したもので、秋水原動機のなかでもとくに貴重な図面であり、六十年ぶりに再会し、往時を偲ぶ懐かしいものでもあるので収録した)

2、動力装置主軸の構造についての空技廠の試案

第二の難関は、ポンプ主軸が高速回転時に剛性不足に起因する変形振動現象を生ずることであった。この対策は、主軸径を太くするか、または主軸軸受の支持方法を従来の二点支持から三点支持に変更することで解決できるものであった。

三菱は軸径を太くすることにしたが、海軍空技廠は三点支持案を主張し、結局、二通りの試作を行なったが、海軍の三点支持式は試験中、軸受に薬液が漏れて爆発するという事故を起こし、結局、三点支持案は取り止めになった。

動力装置の回転主軸の中央部にはタービン動翼板が主軸と一体に削出しされている。空技廠では、主軸とタービン動翼板を別個とした設計をした。高価な不銹鋼材を節約し、加工時間を短縮する狙いであったと思うが、主軸およびタービン部の図面があり、一技廠の図面もあれば海軍第十一航空廠の図面も存在するから、海軍部内の協力体勢を窺い知ることができる。昭和二十年の六月から八月十五日までの作図日である。実際に製作し、組み立てられたかはわからない。海軍では終戦ギリギリまでロケット・エンジン完成に向け全力をあげて設計をつづけていたことがわかり敬服する。ここでは主軸径は最大五十ミリである。

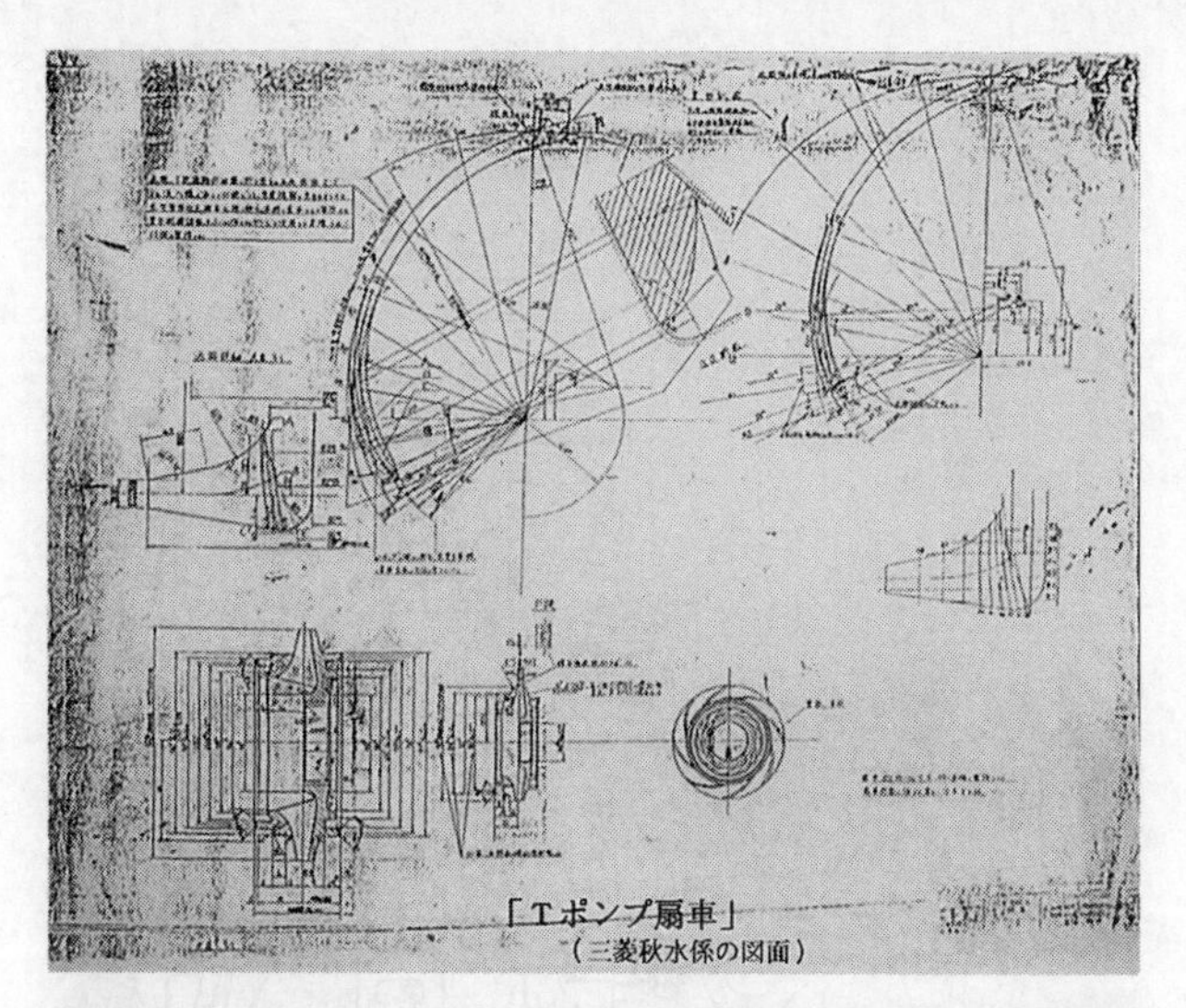

「Tポンプ扇車」
（三菱秋水係の図面）

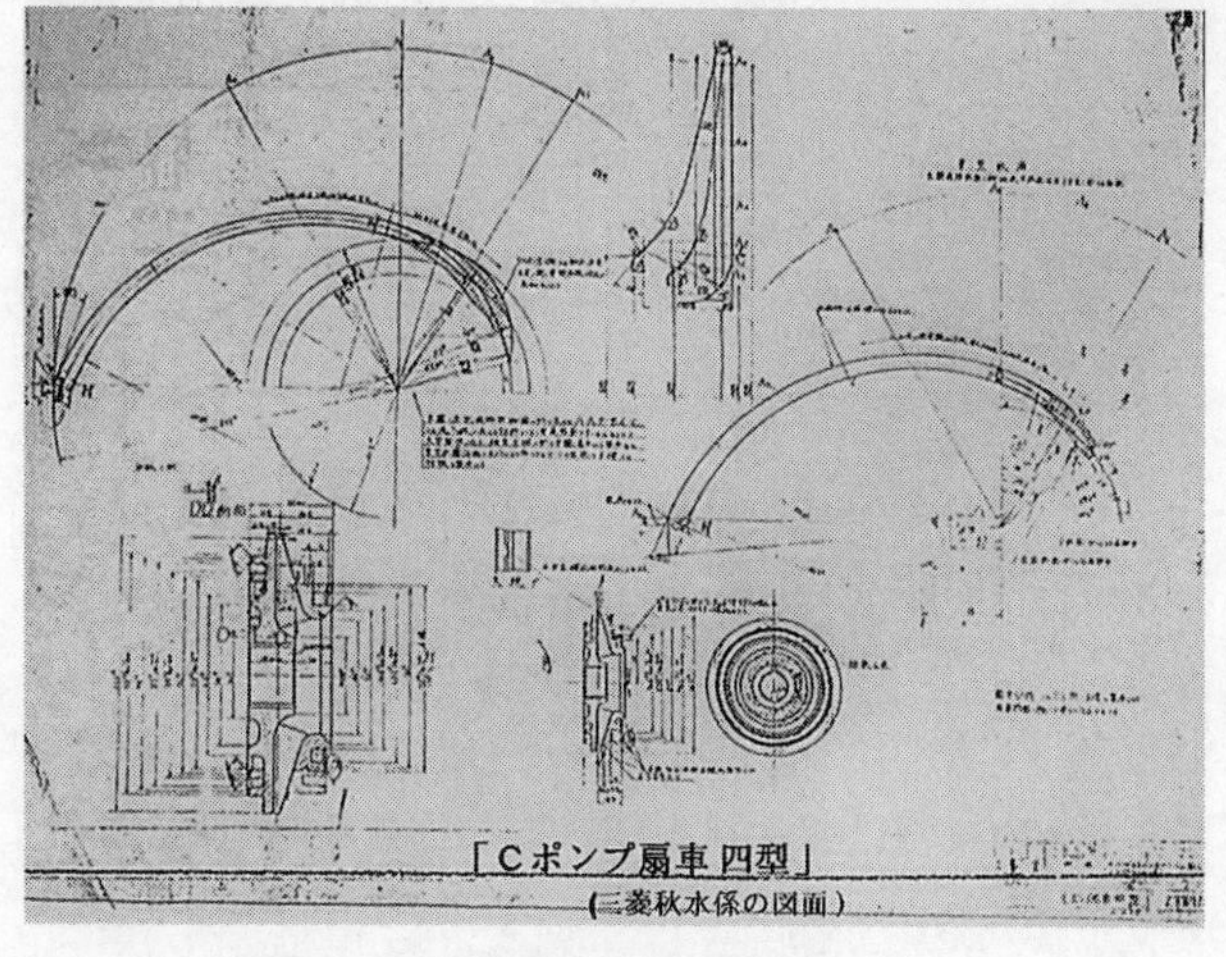

「Cポンプ扇車 四型」
（三菱秋水係の図面）

P.160の上図は一技廠「タービン側組立図」、下図は同「主軸」を示す。

タービン側組立図(一技廠)

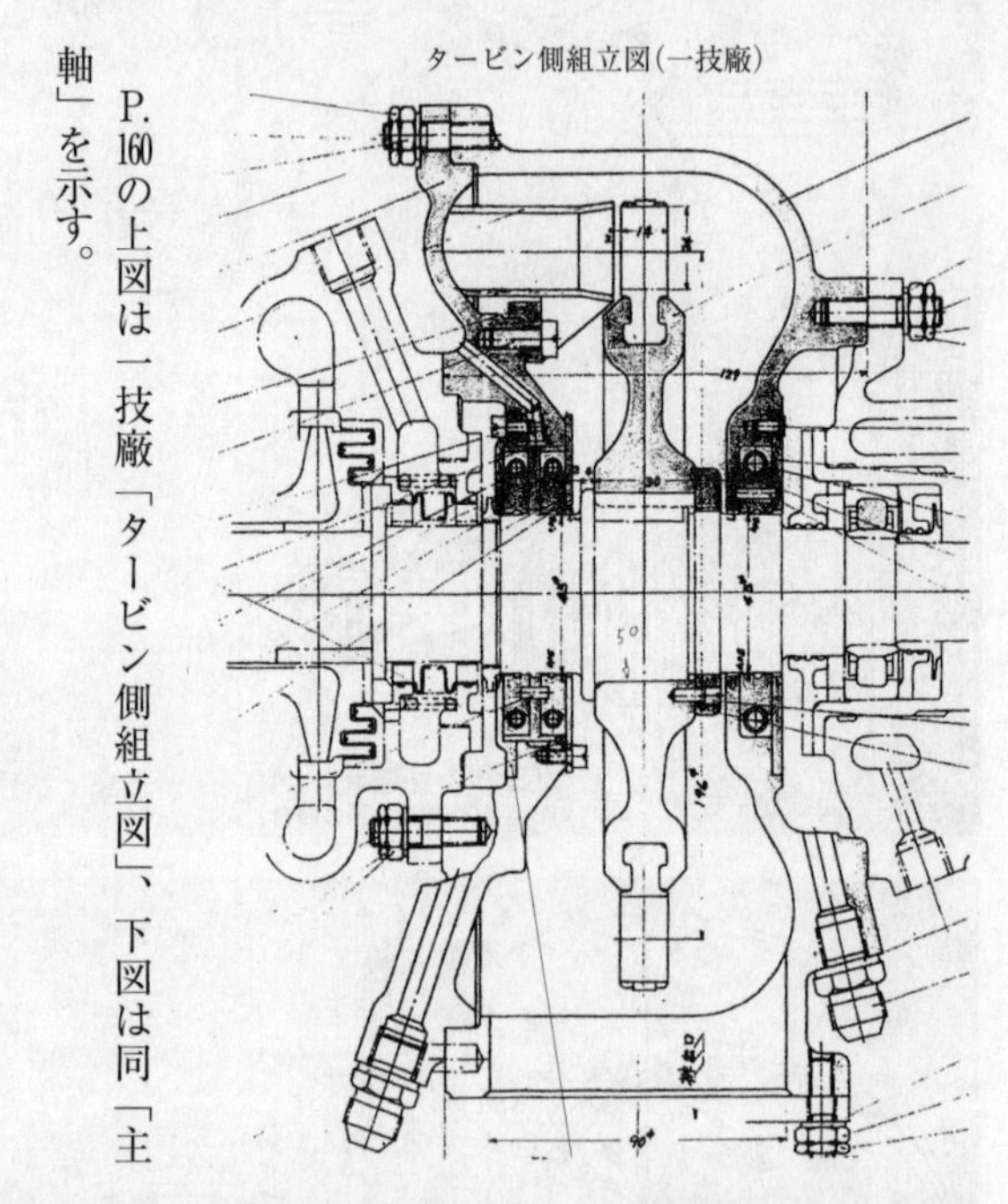

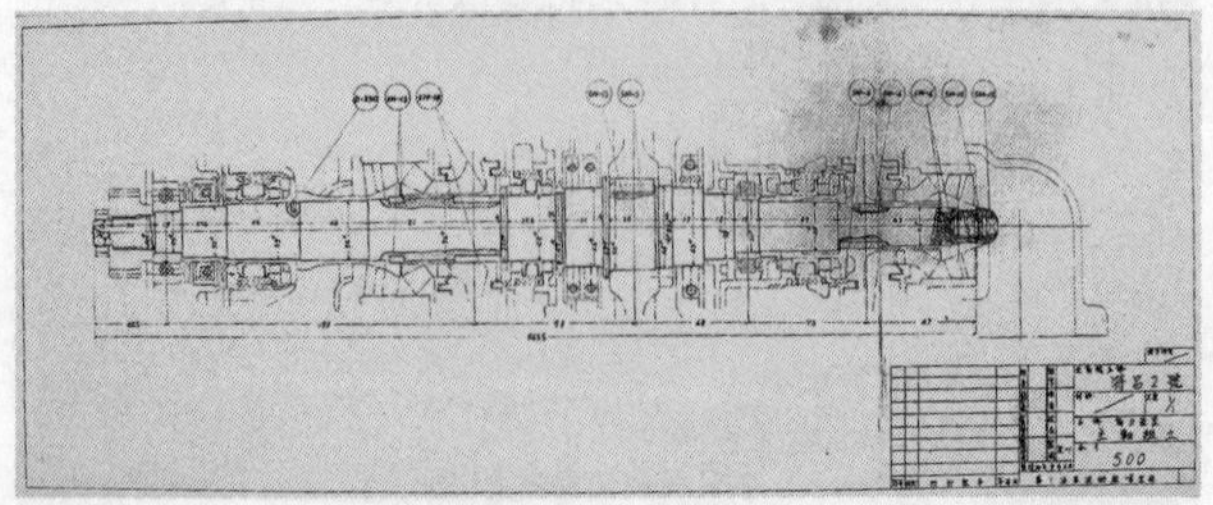

動力装置の主軸。一技廠の図面

上は調量装置外観のアップ、下は調量装置とC濾過器の外観

③調量装置

調量装置は中間筐により左右にT側C側の筐体を分ける。両筐は各三室にわかれ各対応室は均衡弁によって連絡し、液の噴射の「一速」「二速」「三速」に応じて、「一室」「一室および二室」「全室」が作動レバーにより作動して噴射器へ送られる。調量の名が示すように、噴射量を増減する場合にT、C両液がつねに適当な割合で噴射器へ向かって圧出されるような構造、作用をするものである。

本装置は機能上、C液調整弁（C分配弁）と発停弁（開閉弁）と均衡弁（圧力均衡弁、三段）の三部分より成る。C液調整弁にC濾過器が付属する。

構造上はC側本体、T側本体、中間筐ならびにC濾過器の四個の大物シルミン鋳造品と、これらに付属する部品とよりなる。C側本体とT側本体との中間に空間を有する中間筐を設け、両液の不時の混合による危険を防止している。

［調量装置概略機能説明］

◎C液調整弁（分配弁とも称す）は、数種類の機能をつかさどる機構である。

1、まず最初の停止フェースでは、つぎに述べるC液T液の発停弁が作動しないように、その作動ピストンを大気圧にしておく（分配弁説明図のBとCを摺動弁切欠きで連通）。

2、いよいよスタートと言う段階で摺動弁切欠きでAとBを連通し、次記のとおり発停弁作動ピストンを「開」に固定する。出力段階になっても当然、「開」のまま。

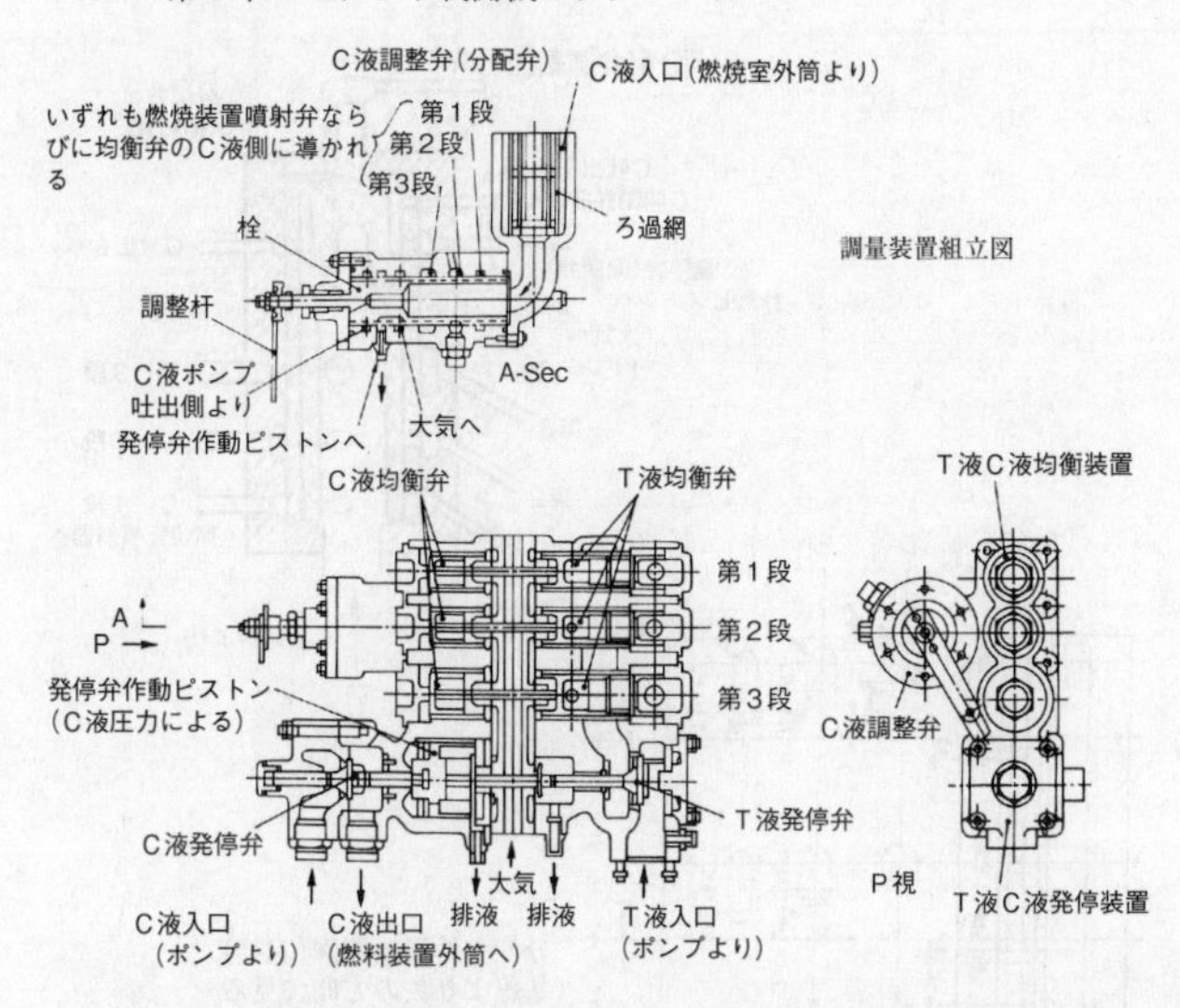


発停弁（調量装置組立図および発停弁と均衡弁詳細図参照）は、C液の圧力で作動ピストンを働かして、C液発停弁を開いてC液を燃焼装置の外筒に導く（このとき、T液発停弁も開くがT液は均衡弁で行き止まりになっている）。

C液は燃焼装置冷却のため、外筒を回って、濾過網を経てC液調整弁にもどってくる。

3、C液調整弁（分配弁）をさらに回すと、第一段の出力通路が開く。まず、C液が第一段のC液均衡弁を動かし、T液調整弁を動かし、C液T液ともそれぞれの管を通して、それぞれ所定の薬液量を複数の噴射器に送る。

4、つづいて、第二段、第三段（全力）と進める。

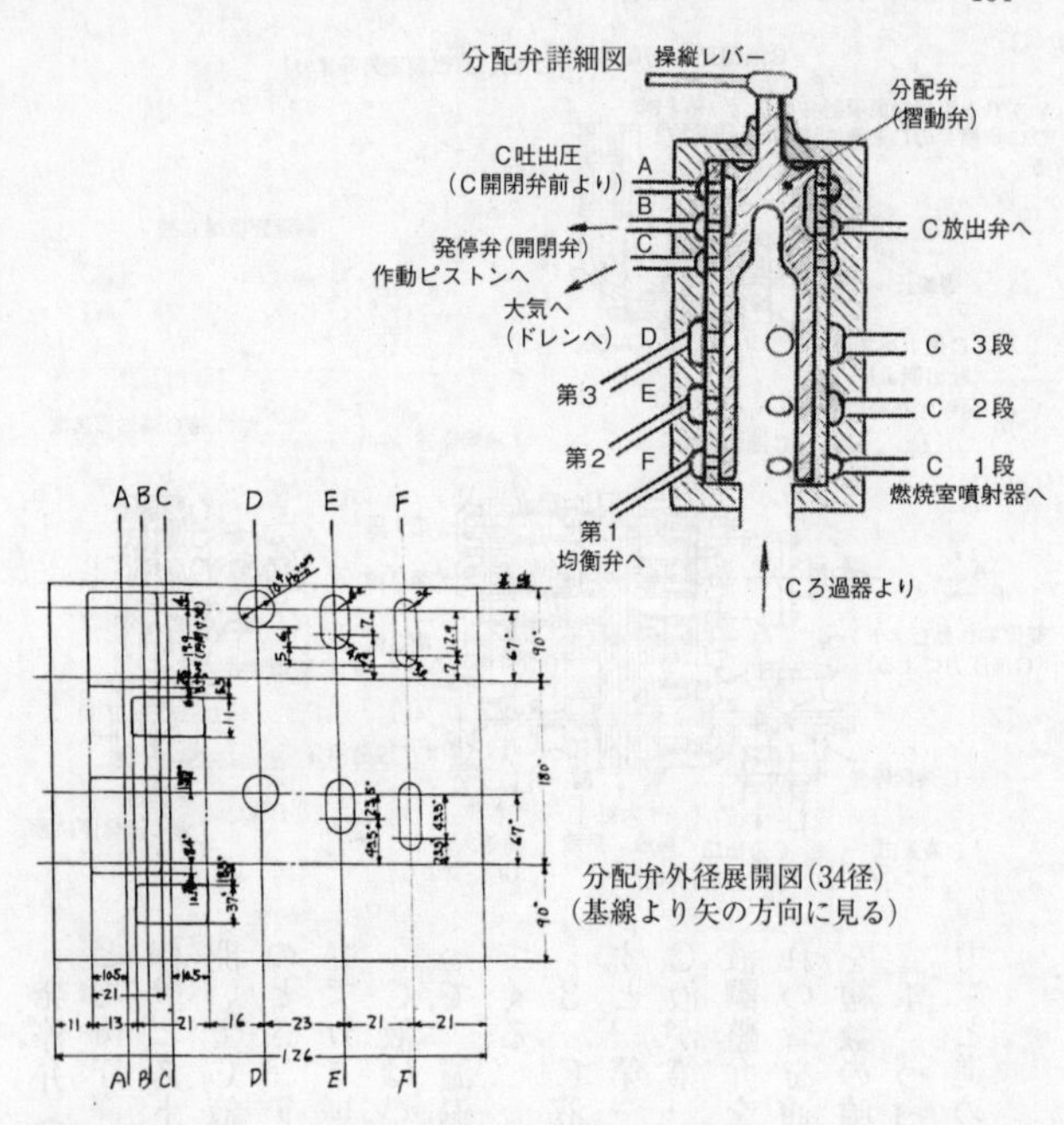


［調量装置詳細説明］

◎発停弁（開閉弁）

停止時にはT弁および作動ピストン部にある二個の発条の力によりT、C両弁は完全に閉塞する。発動時にはC分配弁の回転によりC液圧力が作動ピストン上面にかかり、T、C両弁を同時に開く。停止時には、C分配弁の回転により、ピストン上面にかかっていた圧力は零となり、T、C両弁は発条力により閉塞する。

◎C濾過器

開閉弁（発停弁）より出たC液は燃焼室冷却のため、外

C分配弁

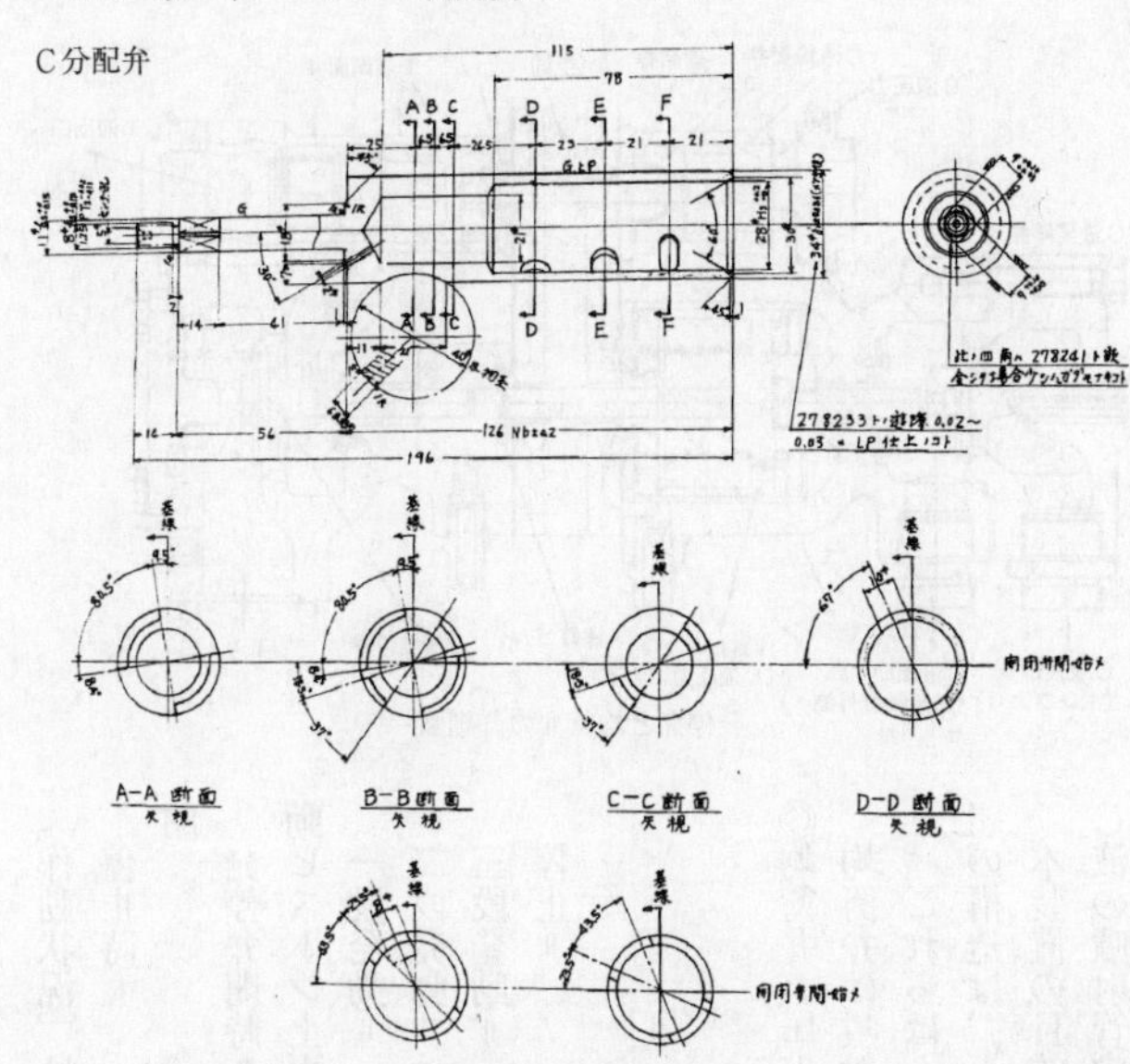


筒に入り、それよりC濾過器に導かれ、濾過網を経てC液調整弁にもどってくる。本濾過器は真鍮金網に錫メッキを施したもので、随時取り出して掃除ができる。

◎C液調整弁（C分配弁）

本調整弁はCポンプ吐出圧を発停弁（開閉弁）作動ピストン上面およびC放出弁に通ぜしめたり、あるいはこれらに作動せる圧力を逃がしたりする部分と、C濾過器より導かれるC液を大中小三本のC噴射管に適宜分配する部分とよりなる。調整弁（分配弁）は18・8不銹鋼製の丸棒の外周を「クロム」メッキしたもので、これは同上材質製「調整弁案内」の中にて回転する。

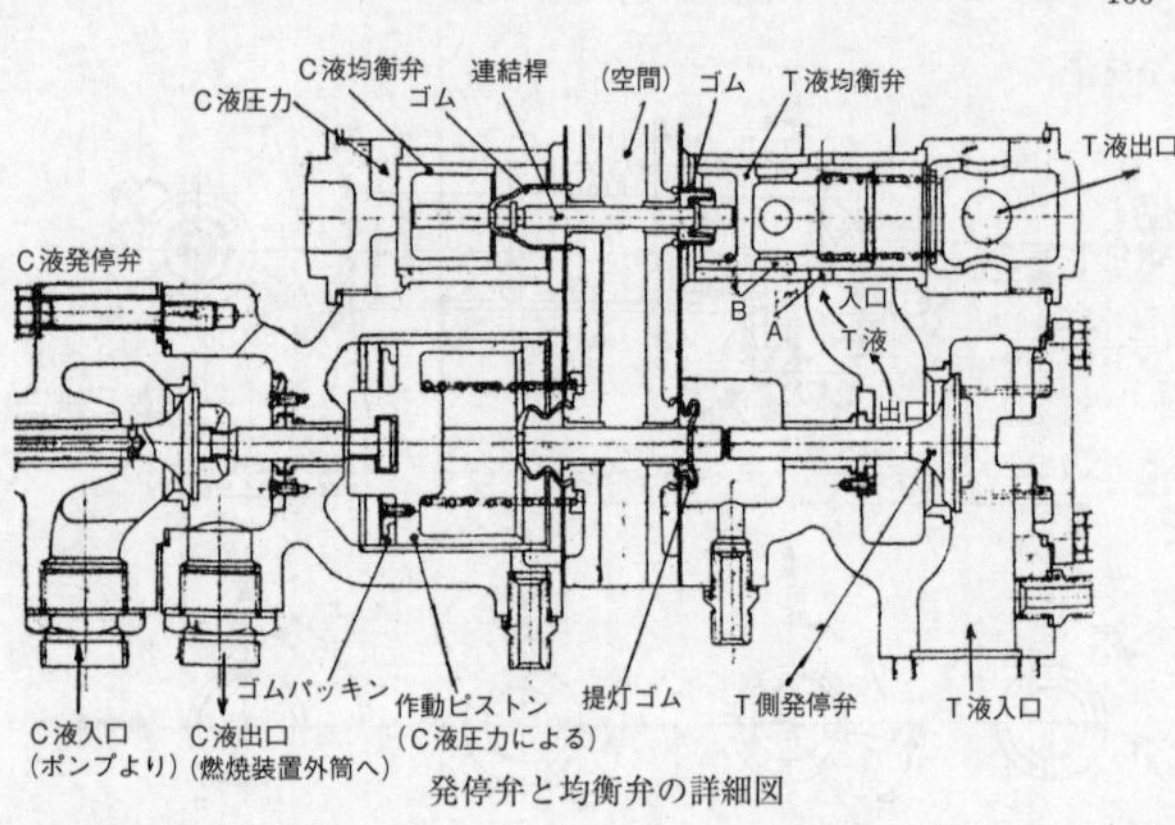


発停弁と均衡弁の詳細図

[作動状況]は、つぎに示す。

停止時＝　BCつながる。DEFは、もちろん閉。

発停弁開時＝BCつながる。ゆえにC液圧力は作動ピストン上面ならびにC放出弁に導かれる。

一段発動＝　F孔が通ず

二段発動＝　E孔が通ず

三段発動＝　D孔が通ず

停止＝　分配弁を元へもどし、BCつながればば作動ピストンならびにC放出弁に存したC圧力が逃げる。

◎均衡弁(圧力均衡弁)

均衡弁は噴射管一、二、三段おのおの一組ずつあり。これらは一体の鋳物の内に構成されている。一組の構造は、上図のとおりである。

本装置の目的は、操縦者のレバー作動により直接、C液の噴射管内圧力だけが制御されるのであるが、これと同時に、T液の噴射管内圧力をつねに自動的にC液側の圧力と一定の関係に保たせる、いわゆる天秤をなさしめんとするものである。

C側ピストン上面にC液圧力がかけられると同ピストンは図において右方へ移動し、この運動の連結桿を通してT側ピストンをも同時に右方へ移動せしめ、T側ピストンの円周上に設けられた溝（B）と同ピストン案内に設けられた孔（A）とが相通ずるにいたる。

一方、T液はポンプの吐出圧力によりT側ピストン案内の外周部に来ているため、孔Aと溝Bとが通ずるやいなやT液はT側ピストンの内部に流入する。そして、T側の圧力がC側の圧力に対し、一定の関係になってはじめてピストンは移動を停止する。

すなわち、C側の種々の圧力にともないT側ピストンの開口面積は種々の大きさの位置にて止まり、T側圧力をC側圧力に対し一定の関係に保たしめることができる。

T側ピストンには発条が取り付けられており、停止時には完全に同ピストンの溝と案内の孔とが絶縁されるようにしてある。

以上、述べたように、この均衡弁装置によりT側およびC側の噴射弁直前における圧力が一定の関係に保たれるため、噴射弁の開口面積をあらかじめ一定の関係に調整しておくことにより、T、C両液の噴射量の割合をつねに一定に維持させることができ、良好な燃焼を期待することができる。

④調圧装置

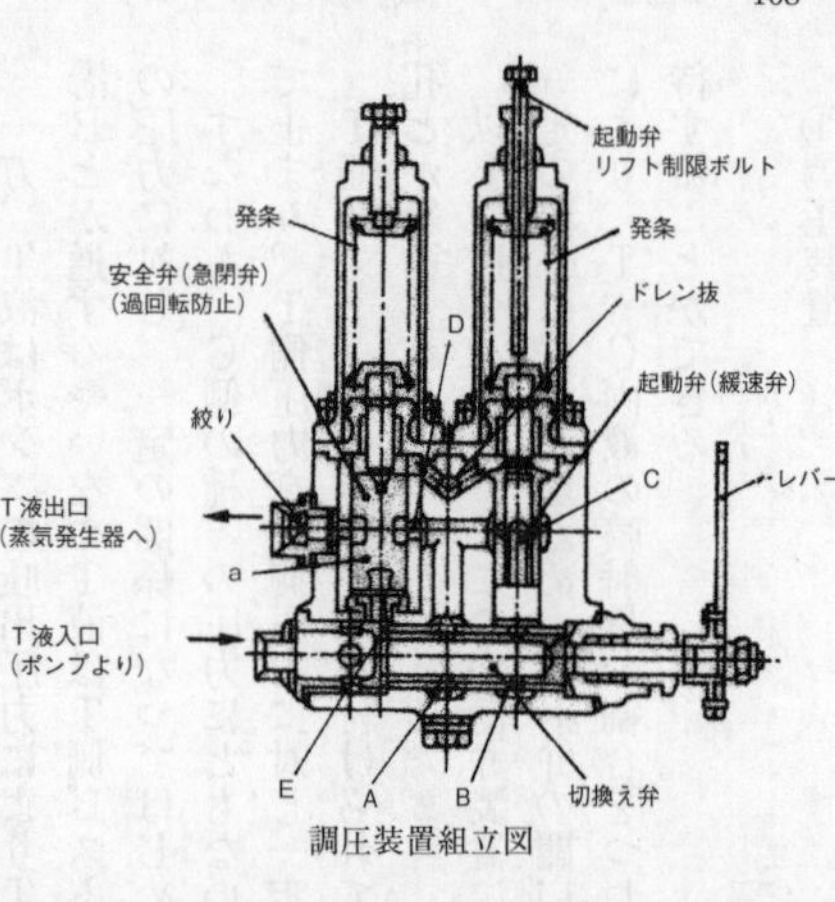

調圧装置組立図

調圧装置は動力装置回転の原動力たるタービン用T蒸気を発生させる蒸気発生器へのT液の供給をつかさどり、Tポンプ吐出口と蒸気発生器との間に位置するものにして、操縦レバーにより蒸気発生器へ行くT液の量を加減し、タービンの回転数を変化させるものである。

操縦レバーと調圧装置のレバーと調量装置のC液調整弁レバーは連結されている。調圧装置という命名は、かならずしも適切ではない。T液を最初に開く起動弁であり、あわせて動力装置の過回転を防止する安全装置（図の左側の機構は過回転を起こした際に発生する高圧力で、自動的にT液を遮断する安全確保機能である）を備えている。

操縦レバーを少し操作すると、切り替え弁が回り、T液によって起動弁が開き、T液ポンプから蒸気発生器への通路が通ずる。蒸気が発生して動力装置タービンを回転させてT、C液を圧出させる場合に、たとえば蒸気が過大量に発生してT、Cポンプが過回転し（一万五千ｒｐｍ以上）各液圧が増大したような場合、調圧装置へ送られるT液の圧力があまり高くなると自然に安全弁（急閉弁）ａが上昇して通路を断つ。

それによって、蒸気発生器はT液がこないので蒸気発生量を減じ、タービン軸の回転をさげ、T、C液の圧力を引き下げるのである。

本装置は機能上、切換弁（切換軸）、起動弁（緩速弁）および安全弁（急閉弁）の三つよりなる。

これらの軸および弁は、いずれも18・8不銹鋼クロムメッキの軸と同上材質製案内との組み合わせである。

切換軸の作動は、つぎのようである。

停止時＝　A、Bともに閉。

起動時と緩速時＝B→C→Dの通路つながる。Aは閉。

発動時＝　A→Dの通路つながる。切換軸レバーを回転していくとA孔の開口面積増大し、したがってT流量増大し、タービンの回転数増大す。この間、Bは閉のままである。

起動（緩速）弁は、はじめモーター起動の際には発条力により、図の下方に押され、緩速弁は全開となっている。起動後、動力装置の回転上昇し、T吐出圧増大するにともない起動（緩速）弁は発条力に抗して上方へ移動し、孔の開口面積は縮少する。発条力調整ボルトならびに弁揚程制限ボルトを調整することにより、緩速回転数を制定することができる。

急閉弁は、不時に動力装置過回転となりたるときの安全装置の作用をするもので、過回転によって、T吐出圧が過昇したとき、この圧力はE孔を通って急閉弁（安全弁）ａに作動し、

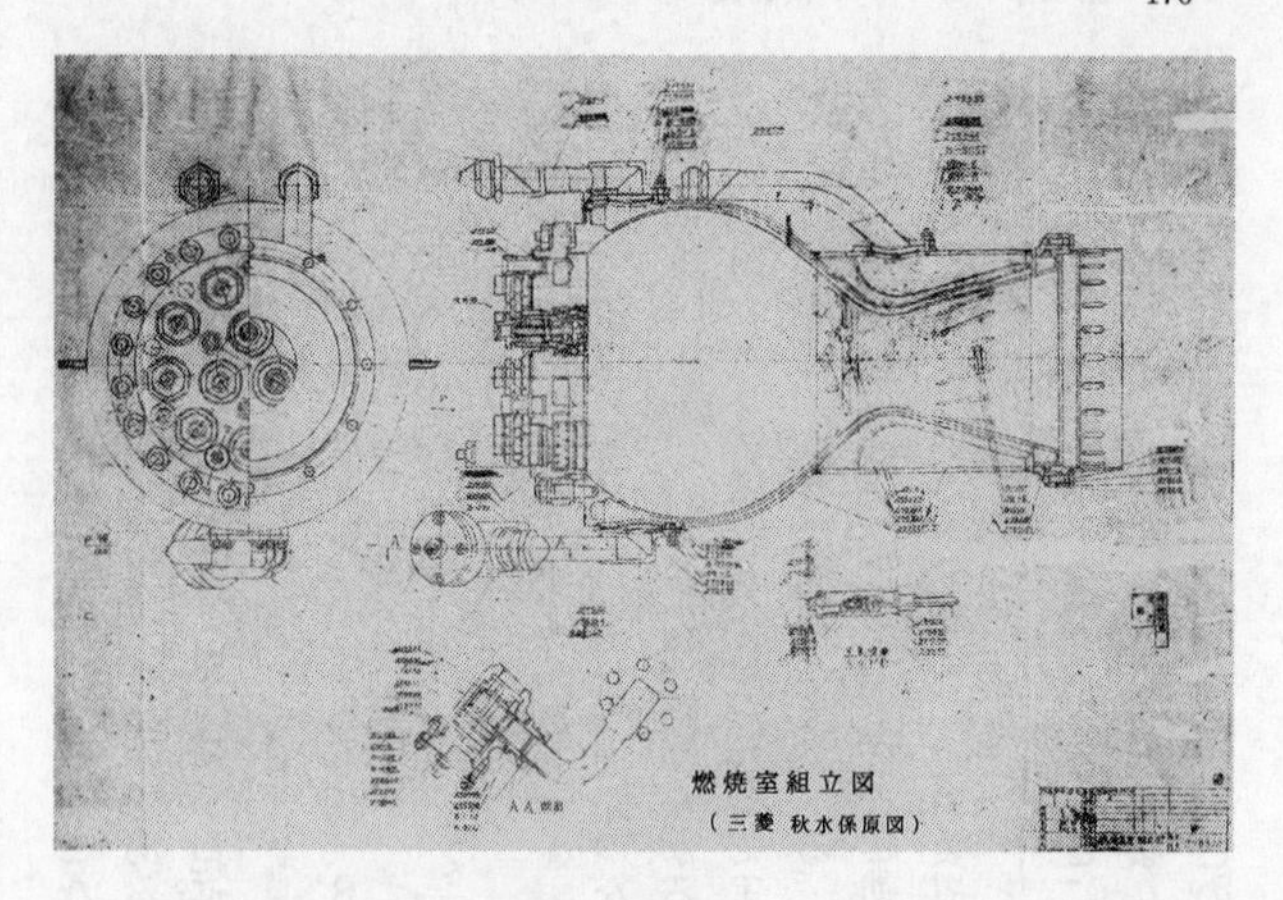
燃焼室組立図
（三菱 秋水係原図）

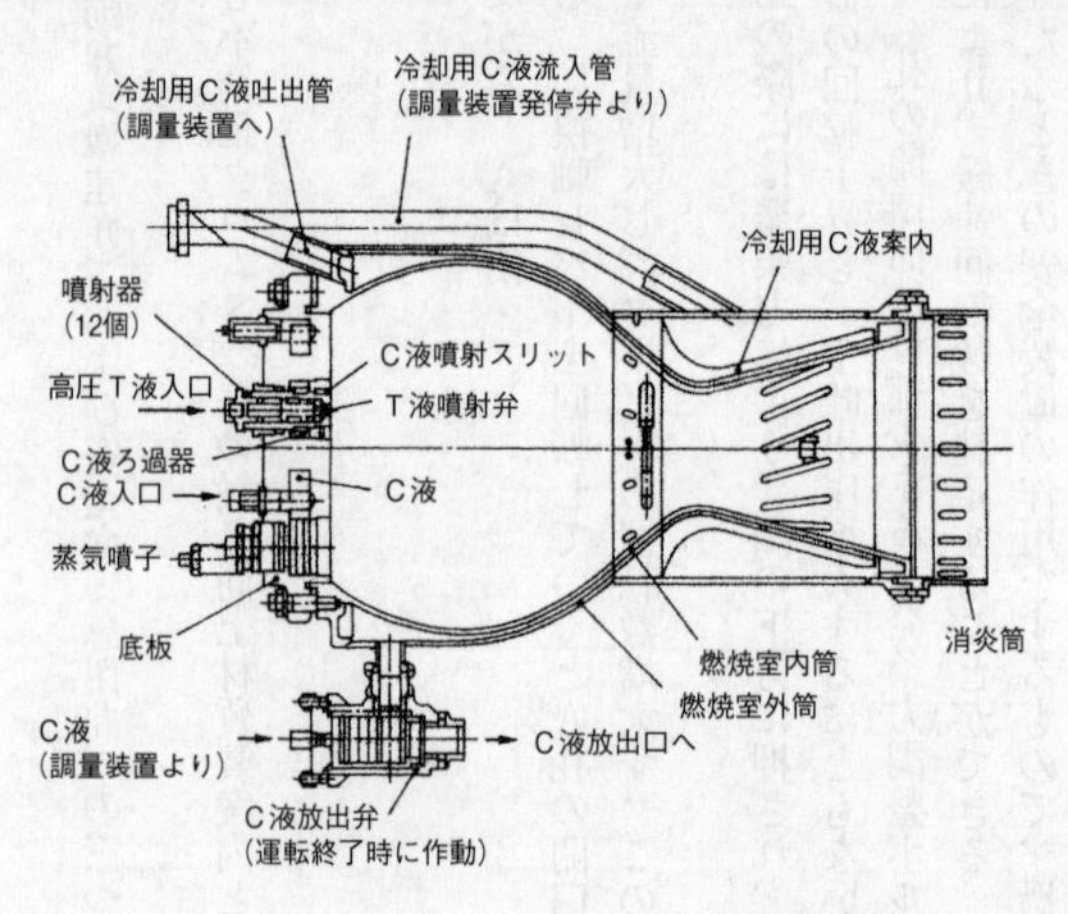
冷却用C液吐出管
（調量装置へ）
冷却用C液流入管
（調量装置発停弁より）
冷却用C液案内
噴射器
（12個）
C液噴射スリット
高圧T液入口
T液噴射弁
C液ろ過器
C液入口
C液
蒸気噴子
底板
消炎筒
燃焼室内筒
燃焼室外筒
C液
（調量装置より）
C液放出口へ
C液放出弁
（運転終了時に作動）

燃焼装置組立図

これを図の上方へ急に移動せしめ通路Dを全閉とし、蒸気発生器へのT液の供給を止める。

調圧装置は、動力装置回転の原動力たるタービン用T蒸気を発生させる蒸気発生器へのT液の供給をつかさどり、蒸気が発生して動力装置タービンを回転させてT、Cポンプを回し、T、C液を圧出させる場合に、たとえば蒸気が過大量に発生してT、Cポンプが過回転し（一万五千rpm以上）各液圧が増大したような場合、T液は調量装置を経て調圧弁へ送られるが、このときあまり圧力が高くなると自然に安全弁（急閉弁）aが上昇して通路を断つ。それによって蒸気発生器はT液がこないので蒸気発生量を減じ、タービン軸の回転を下げ、T、C液の圧力を引き下げるものである。

本装置はレバー（操縦桿）により液の送出量を加減し、蒸気発生量を増減することを主作用とする。

このように調圧装置は調量装置とともに相互に連絡するレバーにより、ポンプの送出圧力と液の噴射器への送出量を同時に調整しうるものである。

⑤燃焼装置

本装置は十二個の噴射器を底板に取り付け、T、C両液を噴射して爆発燃焼噴出せしめ機体を推進させる装置である。ほぼ球状をしている燃焼室（ラバール噴出管）と十二個の噴射器を持つ底板とよりなる。

燃焼室内筒はクローム半硬鋼一体削り出しの花瓶形のもので、ほぼ球状の燃焼室および拡り噴口部よりなる。燃焼室の外周には、軟硬鋼板製の外筒があり、その間を循環するC液によって燃焼室の冷却を行なう。

C液は外筒の後方より入り、冷却液案内により、内筒の壁面に沿ってC液を一様にかつ急速度をもって螺旋状に流過させるようになっている。内筒より熱を奪って加熱したC液は外筒上部前端より出る。

燃焼室の材料はクローム半硬鋼を使用した。燃焼室はT液過多の場合に高温となり内側面が溶解するに到るので、不銹鋼または耐熱鋼でも耐久性に大差はなかった。

燃焼室には蒸気噴子およびC放出弁が付属する。

蒸気噴子は底板の下方に取り付けられ、発動にいたるまでの若干時の間、蒸気発生器よりの管を通じて導かれた蒸気を燃焼室の内部に噴出する。エンジンの発動は、まず蒸気発生器を始動する。高圧蒸気の一部を燃焼室の二個の蒸気噴子に導いて、燃焼室内に噴き出す。これは燃焼室を予熱することと、始動のとき着火遅れで燃焼室に溜まった未反応液を吹き飛ばして、ハードスタートするのを防ぐ仕組みである。すなわち、燃焼室の予熱と掃除とを行なうものである。

C放出弁は停止と同時に開いて、燃焼室の冷却液套内のC液を外部へ放出するものである。

［燃焼室の主要目］

内筒の内部寸法
先端直径（噴口）　百六十四ミリφ
噴口スロート直径　八十五ミリφ
球状部直径　二百六十五ミリφ
全長底板面より内筒端まで四百五十ミリ
燃焼室容積　九リットル
燃焼ガス圧力　十九キロ／平方センチ
燃焼ガス温度　千八百度
推力　千五百キロ

［燃焼室の設計］

必要な特性を計算あるいは推定してから、具体的な構造や寸度をきめた。燃焼装置内の圧力が、Ｍｅ１６３試験報告に最高約十八キロ／平方センチとあったので、燃焼装置の出口噴口の内径を約八十三ミリ。噴出ガスの最大質量をＴ液六・二キロ／秒＋Ｃ液二・一キロ／秒＝八・三キロ／秒。そして、ロケットの最大噴射推力千五百キログラムという公称値等から、燃焼装置内の温度を千八百℃と算出した。また、Ｔ液およびＣ液のポンプの吐出圧力は燃焼

燃焼装置

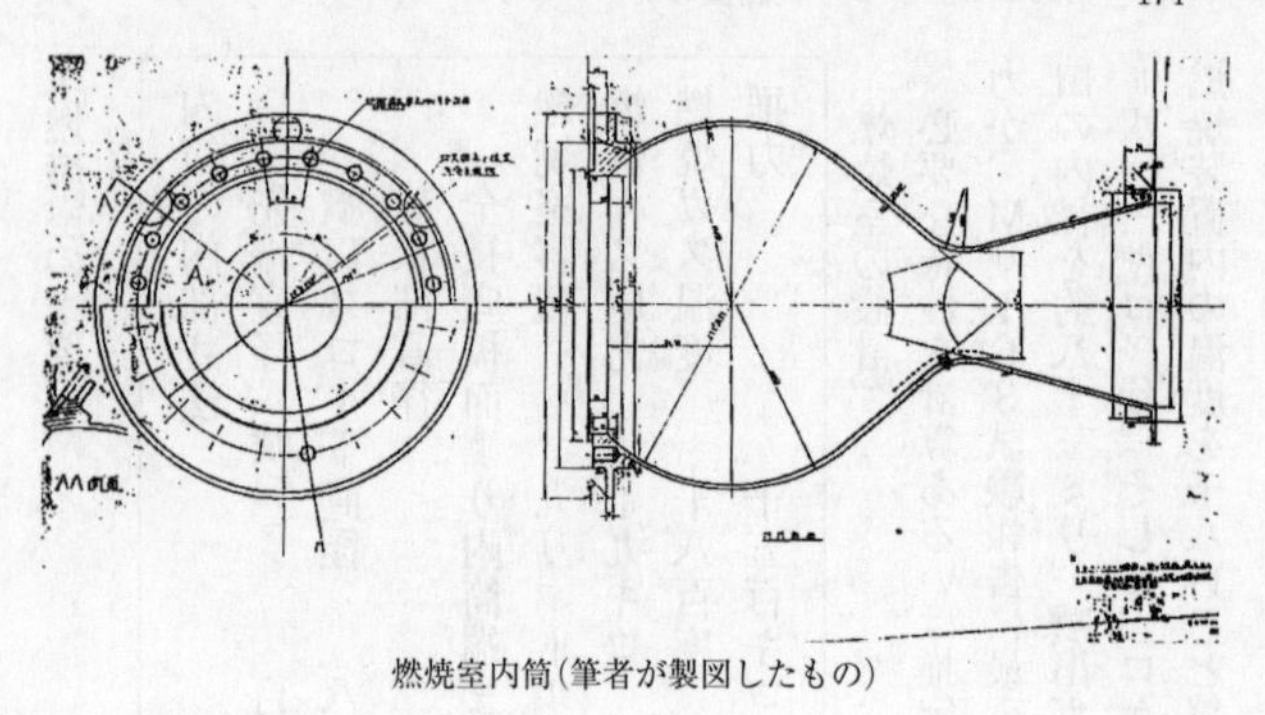

燃焼室内筒(筆者が製図したもの)

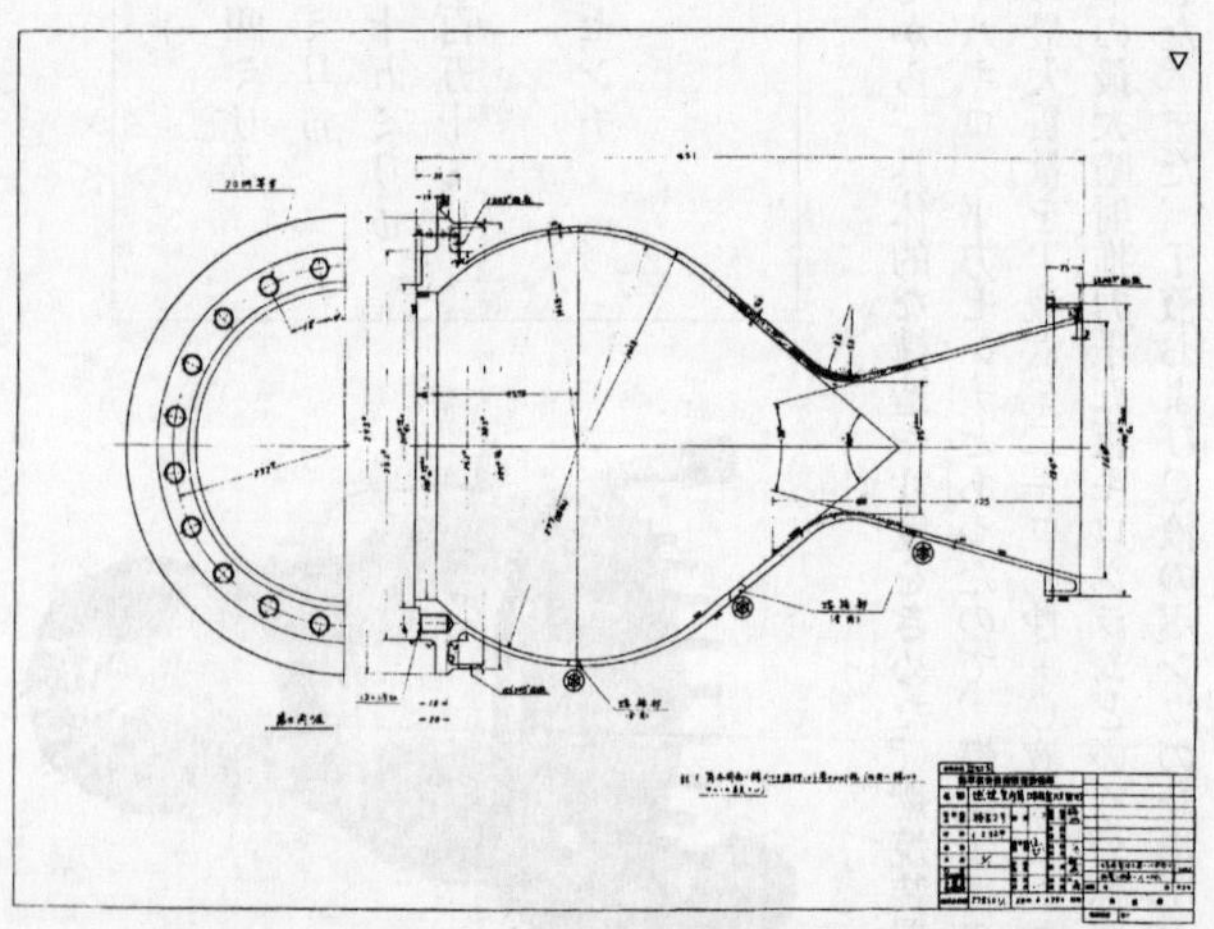

特呂２号燃焼室内筒(溶接製)(実験用)図番27850(材質)イ232甲(製図)20年６月25日、海軍航空技術廠発動機部の用紙にて空技廠が作成。溶接部が数箇所指定してある。
主要寸法は三菱の図面と変わらない(註：⊛印が溶接部である)

装置内の圧力より高い約三十キロ／平方センチと設定した。

［燃焼室］

前頁上に示す燃焼室内筒の図面は筆者が昭和十九年秋、秋水係のときに製図した図面で、じつに六十年ぶりの邂逅であった。燃焼室はクローム半硬鋼の一体削り出し加工によって成形された。直径三百ミリの太い丸棒材の加工はロスが多いので、松本に移ってから、溶接構造の設計をして試作をしたことがあった。内筒内面にはカロライジングを施した。一方、空技廠（＝第一海軍技術廠＝一技廠）でも同じことを考えており、その溶接構造図面が保存されていた。この《溶接製・実験用》とある図面を下図に示した。

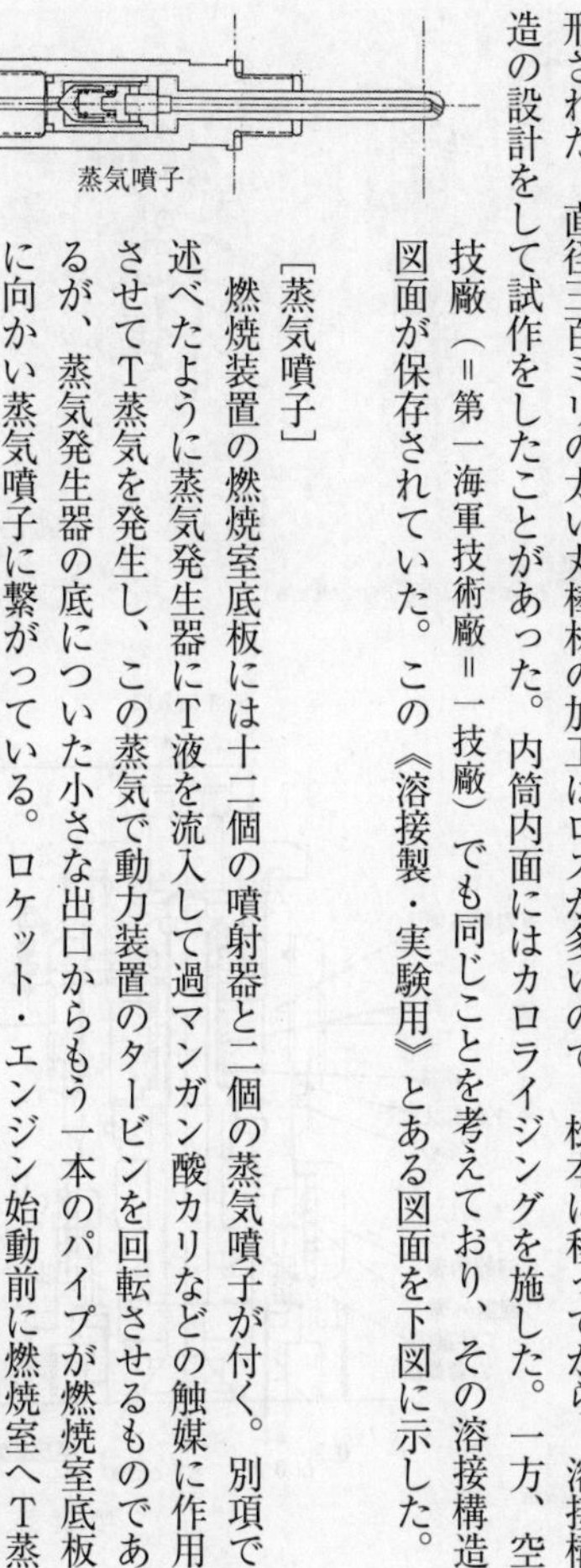
蒸気噴子

［蒸気噴子］

燃焼装置の燃焼室底板には十二個の噴射器と二個の蒸気噴子が付く。別項で述べたように蒸気発生器にＴ液を流入して過マンガン酸カリなどの触媒に作用させてＴ蒸気を発生し、この蒸気で動力装置のタービンを回転させるものであるが、蒸気発生器の底についた小さな出口からもう一本のパイプが燃焼室底板に向かい蒸気噴子に繋がっている。ロケット・エンジン始動前に燃焼室へＴ蒸気を送り出して、燃焼室の清掃をする目的のために「蒸気噴子」が燃焼室底板に嵌め込まれ、燃焼室内筒に外径七・五ミリの管が顔を出している。

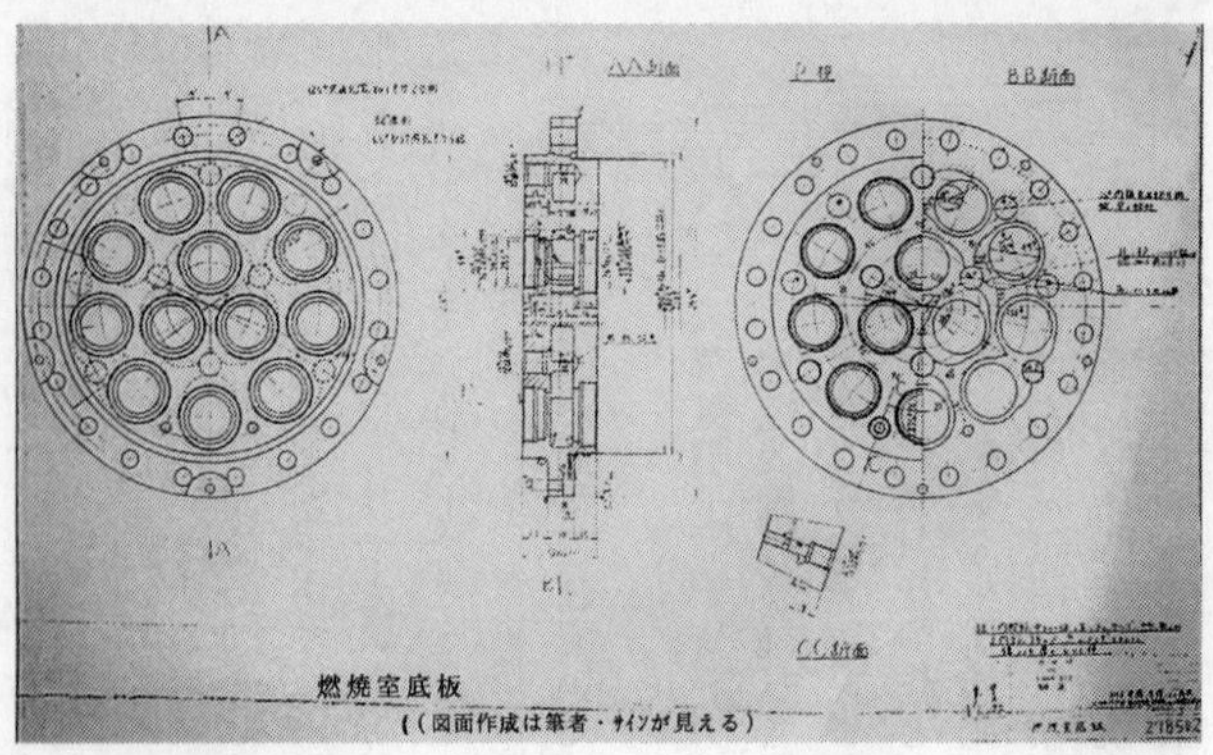


燃焼室底板
((図面作成は筆者・サインが見える)

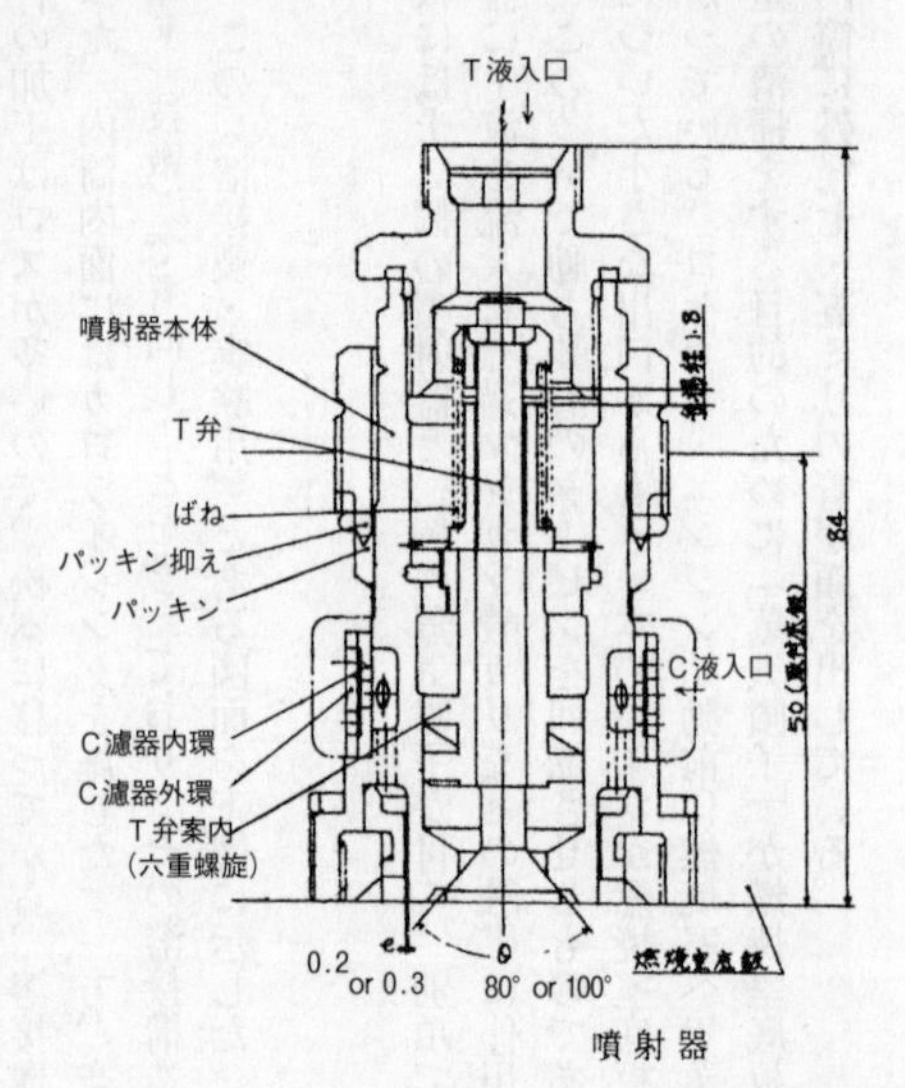


噴射器

蒸気噴子はT蒸気の圧力で開き、噴射がはじまり燃焼室圧力が高くなると閉じるバネによる逆止弁であり、とくに開閉のための機器はない。

蒸気噴子の明瞭な図面は、従来の文献には見当たらないようである。ここに最近見つけた資料により筆者が作成した図面（略図）をP.175に紹介する。また、海軍では終戦直前まで、「蒸気噴嘴（子）」の設計をすすめていた。

⑥噴射器

燃焼室の底には半硬鋼削出製の燃焼室底板があり、ここに十二個の噴射器を取り付ける。

噴射器の作動は三段に分かれており、各段群の配置は、つぎのとおりである。

噴射器十二個のうち、出力の第一段階においては二個、第二段階においては、つぎの四個が加わり、第三段階においては残りの六個をふくめた全数が作動する。

一速……作動噴射器二個…（二個）……T弁角度百度……C液噴出隙間〇・二ミリ
二速……　〃　六個…（二＋四個）　〃　八十度　〃　〇・三ミリ
三速……　〃　十二個…（二＋四＋六個）

噴射器の構造は図示のとおりで、T液は中央部に位置するT弁に導かれ、円錐形に噴射せられる。T弁の揚程は一・八ミリに規正せられる。C液はT弁弁座部の外周に設けられた円筒形スリットより噴射せられ、T液円錐に衝突し、T液とともに円錐形に拡げられる。このように、両液は膜と膜との衝突により混合せられるものであるから、両液の膜は破れ傘とならないようにする必要がある。T液円錐の角度およびC液スリットの幅

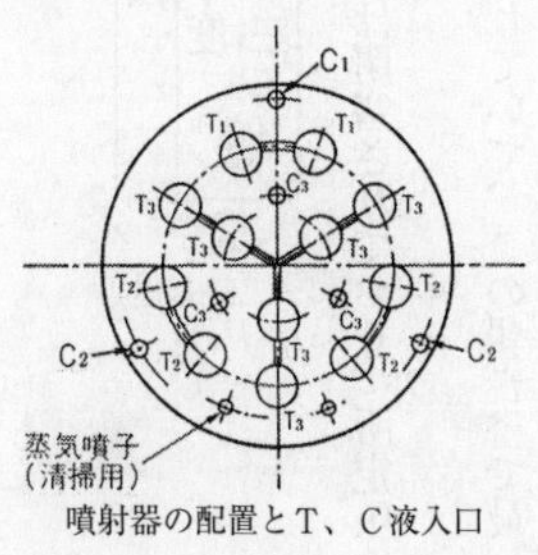


噴射器の配置とT、C液入口

は一、二、三段に対してそれぞれ異なり、つぎの値をとる。

| | 一段 | 二段 | 三段 |
|---|---|---|---|
| T液円錐の角度 | 百度 | 八十度 | 八十度 |
| C液スリットの幅 | 〇・二ミリ | 〇・二ミリ | 〇・三ミリ |

なお、T弁は発条力によりT液圧力が所定圧力に到着するまでは閉塞されており、所定圧力において、突然に噴射を開始するようになる。

ドイツ資料の薬液噴射器は数種類について正確な図面が掲載されていて、この報告書で最良の成績を示したものの図面をそのまま設計することができた。

⑦蒸気発生器

調圧装置より出たT液は蒸気発生器の頂部のT液噴射器に導かれる。

蒸気発生器は図示のごとき形状の圧力槽にして、中央部に触媒入籠を装備する。本触媒の作用により発生した蒸気は圧力槽底部に取り付けられた管を経て動力装置のタービン噴口管に導かれる。なお、蒸気は小孔を通じて燃焼室の蒸気噴子へも導かれる。

蒸気発生器はT液を流入して触媒に作用させてT（過酸化水素）蒸気を発生し、タービンに送るものである。触媒は二酸化マンガン（$MnO_2$）、過マンガン酸カリ（$KMnO_4$）、苛性ソーダ（NaOH）などをセメントで八ミリ角の六面体に練り固めたもので、これを数百個蒸気発生器（容量二リットル）に入れてT液（$H_2O_2$）に接触させると、分解して所要の水蒸気（$H_2O$）を発生し、十分な温度と圧力をもってタービンを回転する。

蒸気発生器

T液入口
（調圧装置より）
T液噴出弁（7個）
触媒入れ
（触媒）
ろ器
（蒸気噴子へ）
T液蒸気出口
（タービンノズルへ）

⑧台枠および諸管装置

台枠の構造概略は図示のごとくである。

台枠支持板はMg（マグネシウム）鋳物製であるが、空技廠の図面ではアルミニウム合金鋳物（チ502乙）となっている。この支持板の前方に超ジュラルミン製コ型材をもって構成された枠が取り付けられ、後部中央に超ジュラルミン製円筒状の支持筒が取り付けられる。これらの台枠に、図のように各部品が装着せられる。

すなわち上記諸装置を収納配置す

るようにジュラルミン製のチャンネル材および板金によって枠を形作る。支持筒は同じくジュラルミン製で円筒を形成し、鋲で締結した甲乙丙丁の四部よりなり、内部にT、C送液パイプを収納する。諸管は各部分を連絡するパイプ一切を称し、材料はジュラルミンまたは不銹鋼製である。調量装置より出たT、C各液はそれぞれ一・二・三段用三本の合計六本のパイプにより支持筒内を走り、その先に至ってTパイプは十二個の噴射器に接続し、Cパイプは六個の接続螺に接続する。

ジュラルミン製管の接手の構造をP.182に示す。円錐部の角度は接手六十度、管五十八度、ニップル五十五度である。

管系統図は図示のとおりである。数字は内径、外径を示す。Sは13クローム不銹鋼管、Aはジュラルミン管である。

燃料噴射器の直前においてT側C側各三本の噴射管は系統図に示すごとく、六又、四又、三又、二又等に分岐してそれぞれ所属の噴射器へ、燃料を供給するようになっている。この部はとくに液漏洩が無いように組み立てることが肝要である。

つぎに燃焼室支持筒外観と支持筒覗き孔（T、Cパイプが見える）の写真を示す。

⑨操縦装置

操縦装置は調量装置のC分配弁作動レバーと調圧装置の切換軸作動レバーとを一つの系統

台枠に装着された各部品

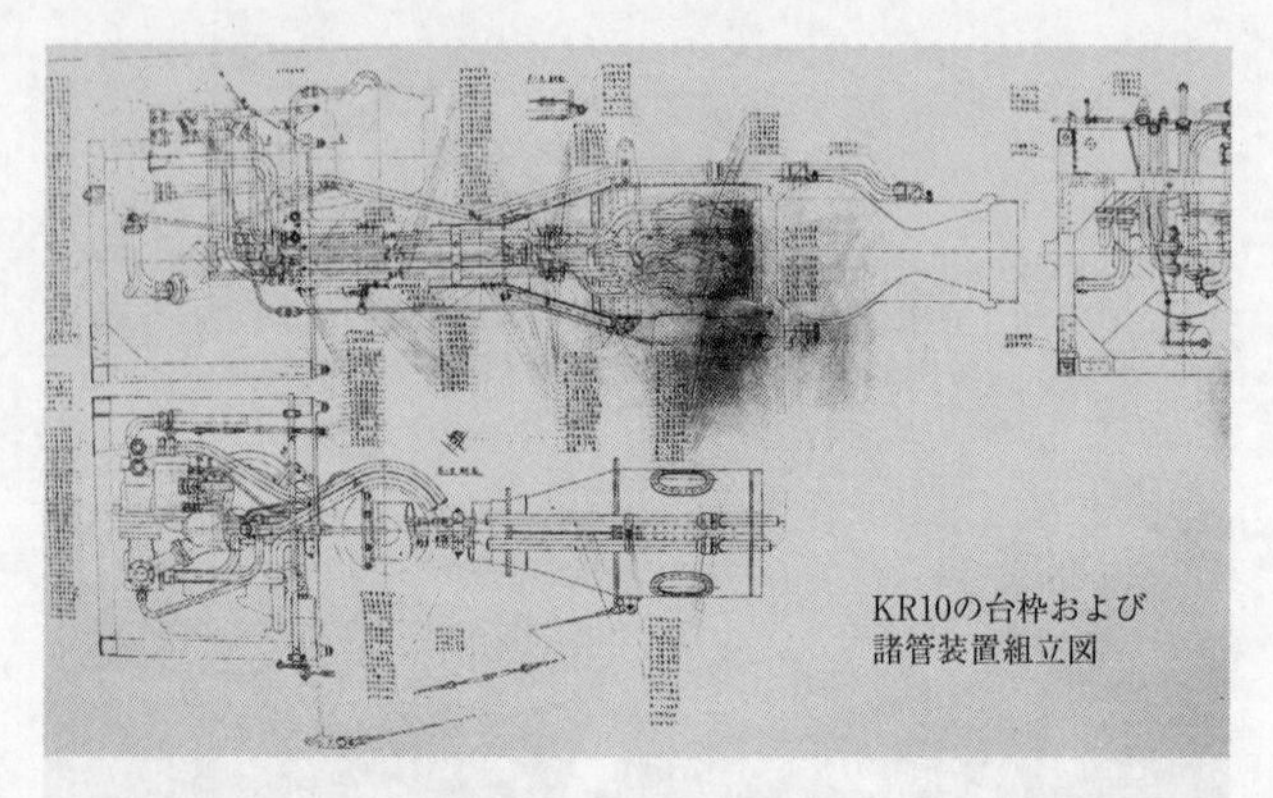
KR10の台枠および
諸管装置組立図

に連結する構造を有する。
（註：図示の写真は、三菱重工・名古屋航空宇宙システム製作所小牧南工場史料室の「秋水復元機」によるものである〈撮影・筆者〉）

「ジュラルミン製管の接手」の構造

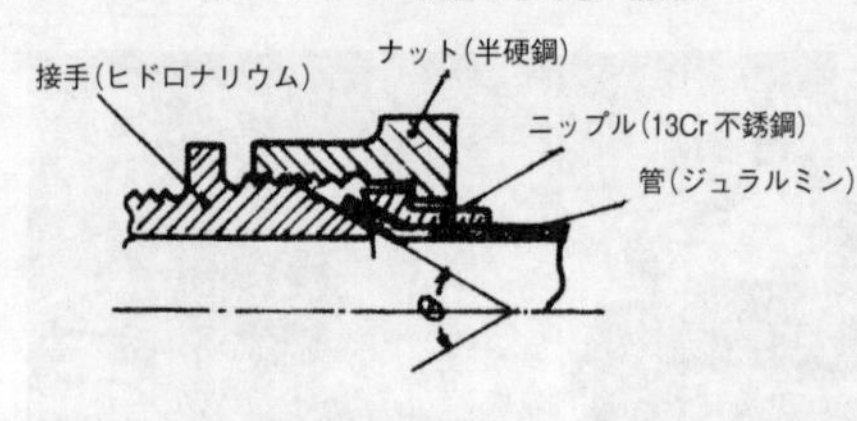


第二章のテクノロジー編は以上であるが、補足として「KR10ロケット・エンジンの四面図」をP.185に示す。

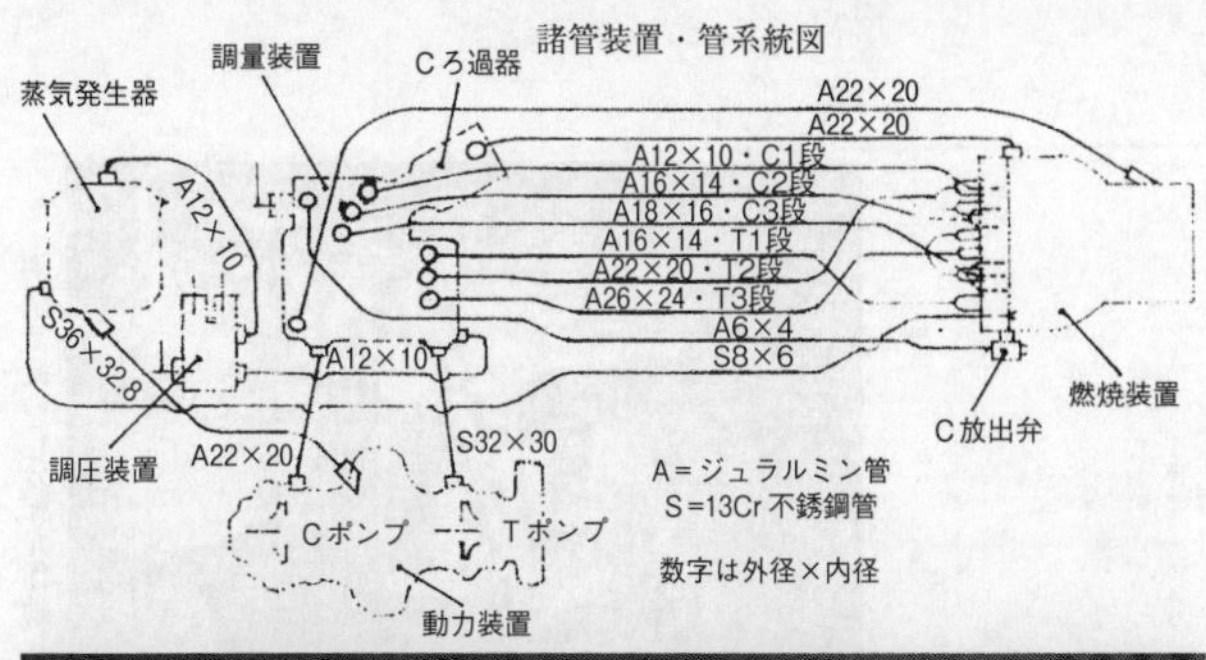

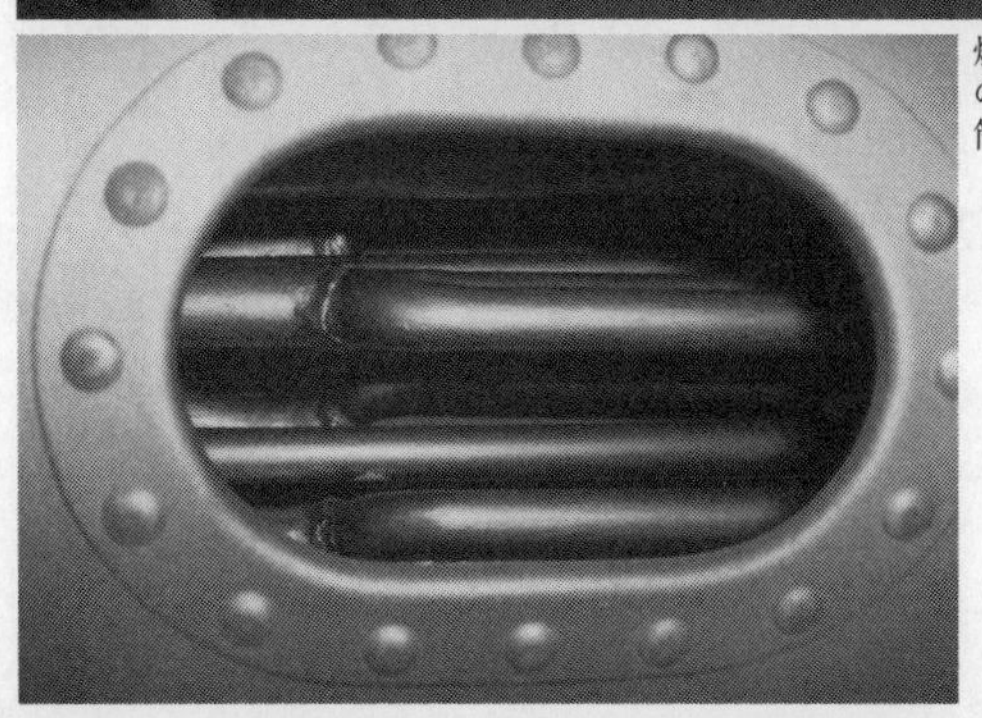

燃焼室支持筒の外観と支持筒覗き孔

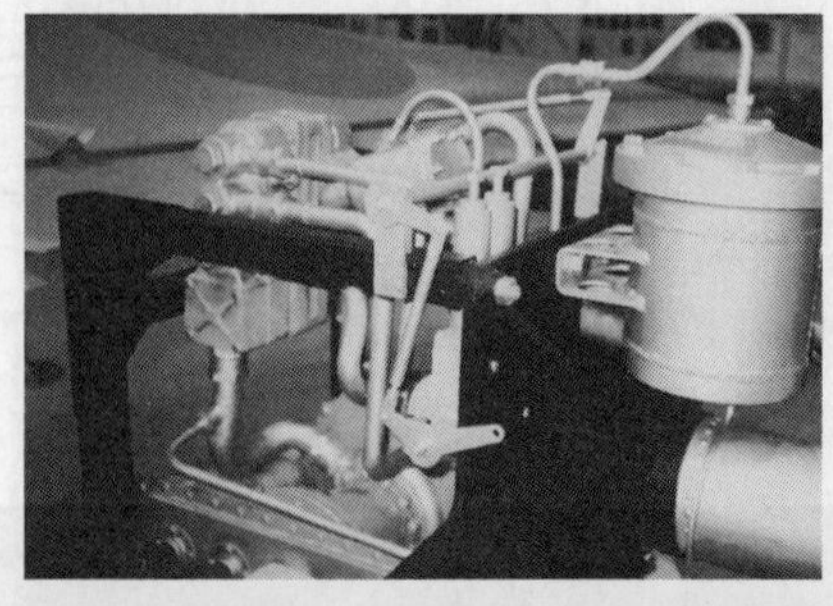

調圧装置切換軸レバー

調量装置のC分配弁作動レバーと調圧装置切換軸レバー。秋水復元機を筆者が撮影

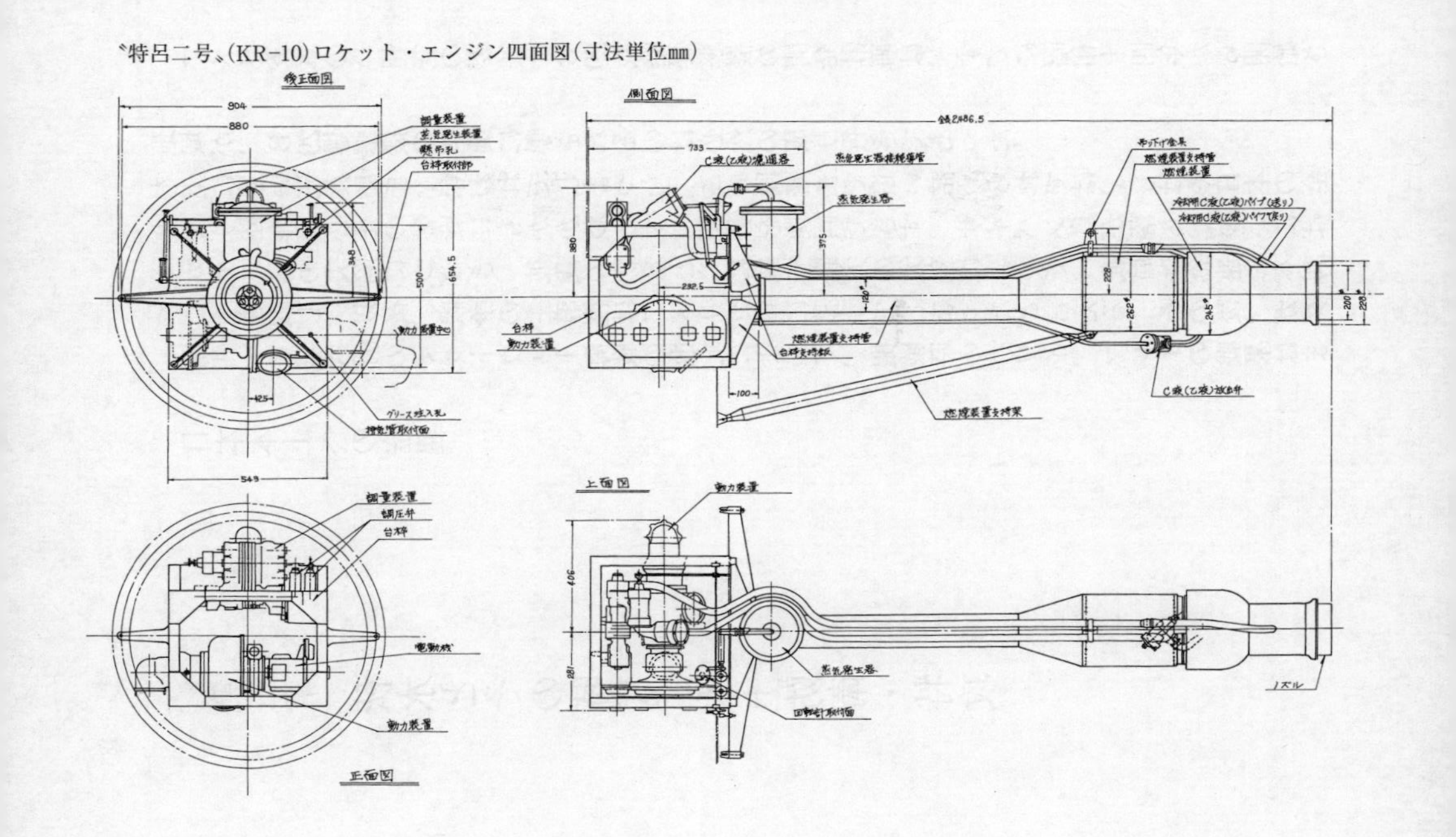


"特呂二号"(KR-10)ロケット・エンジン四面図(寸法単位mm)

# 第三章　秋水とその時代。本土防衛・特攻

## 日本本土への空襲

昭和十七年六月のミッドウェー海戦の敗北によって、開戦時のハワイ、マレーの戦果はまったく逆転し、以後、戦争の主導権はアメリカ軍に移ってしまったと言える。その後、ガダルカナル島の失陥につづき、彼我の物量とくに航空戦力の大差によって、戦局は急速に不利となり陸海軍必死の奮戦にもかかわらず、頽勢を挽回できず、サイパン島が落ち、ついには本土に近い硫黄島まで奪われてしまった。この段階まで追い詰められては、もはや日本の全地域が、B29爆撃機の空襲に曝(さら)されるのは必然の成り行きであった。

アメリカ軍の「超空の要塞」B29戦略爆撃機の開発計画は、すでに昭和十四年から開始さ

れていた。

そして、昭和十八年六月に第一号機が完成した。その要目は、つぎのようである。

昭和十九年には大量生産が軌道にのり十月には百五十機のＢ29がマリアナ基地に集結した。

昭和二十年八月におけるＢ29の保有は千百機に達した。

Ｂ29の要目
全幅：四十三・〇七メートル
全長：三十・一九五メートル
自重：三十一・六トン
全備重量：四十七・五トン
最高時速：六百キロ（高度七千六百メートル）
巡航時速：三百五十三キロ
実用上昇限度：九千七百メートル
航続距離：九千三百五十キロ
発動機：ライトＲ-３３５０-41（二千二百馬力四基）
武装：十二・七ミリ機関銃十、二十ミリ機関砲一
乗員：十一名　搭乗員室：与圧装置設置

総生産機数：約四千機
爆弾：千八百キロ　四個
または　九百キロ　八個
　　　　四百五十キロ　十二個
　　　　二百二十五キロ　四十個
　　　　百三十六キロ　五十個
　　　　四十五キロ　八十個

Ｂ29による日本本土初空襲は昭和十九年六月十五日午後、七十五機が中国の成都基地から飛び立ち、九州北部の八幡製鉄所を狙って空爆したのが最初であった。その後、九州各地はつぎつぎと空襲された。

昭和十九年七月、マリアナ諸島のサイパン、グアム、テニアンを占領した米軍は、飛行場を整備し、日本空襲の基地とした。十月からぞくぞくとB29が到着し、十一月二十四日には百十一機が出撃して、東京がはじめて空襲された。

そして、二十年八月に戦争が終わるまで、B29はその跳梁、無差別爆撃をほしいままにし、日本全国の軍事施設、軍需工場のみならず都市部住宅地まで、爆弾、焼夷弾によって破壊され、焼き尽くされたのであった。

爆撃目標は、はじめは精密爆撃の対象として航空機工場であったが、やがて都市部に対して無差別空襲になってきた。

第一目標の航空機工場は三菱重工名古屋発動機製作所（大幸工場）、三菱名古屋航空機製作所（大江工場）、中島飛行機武蔵製作所、川崎航空機明石発動機工場、中島飛行機太田製作所、川崎航空機各務原工場、中島飛行機小泉製作所、愛知航空機永徳工場であった。

初期の段階では、とくに中島飛行機の武蔵製作所（武蔵野製作所と多摩製作所が合併）と三菱の名古屋発動機大幸工場に集中した。この二ヵ所で日本の航空発動機の大半を製作しており、ここを潰して日本の航空機生産を麻痺させることを狙ったのであった。

ここで、筆者の勤務していた三菱名古屋発動機製作所に的を絞って考えよう。三菱大幸工場へ集中した空襲は昭和十九年十二月十三日（爆弾投下トン数百八十六トン）を皮切りに二十二日（百六十一トン）、昭和二十年一月二十三日（八十四トン）、三月三十日（五百三十七トン）、四月七日（百五十三トン）の五回行なわれた。単独で五回も被爆した工場は他に例

日本本土を空襲する超空の要塞B29爆撃機

を見ない。名発は大きな損害を受け、日本の航空発動機生産は大打撃を受けた。延べ四百三十八機による空襲であったという。

名古屋の空襲は大規模なものが十八回あり、以上のほか十二月十八日、一月三日、十四日、三月十二日、十九日、二十五日、五月十四日、十七日、六月九日、二十六日にも空襲があり、名古屋は大部分が灰燼（かいじん）に帰し、いたる所に瓦礫の山を築いた。阿鼻叫喚、焼け跡は無残の極みであり、筆舌に尽くし難い。

市内中心部にあった筆者の住居は三月十二日夜の空襲で焼失した。つづく三月十九日夜の空襲は、たまたま追浜の航空技術廠から帰名しており、仮住まいに居て体験した。

そのとき、超低空（高度百メートルくらいか）を悠々と飛んで行くB29が弾倉を開いてつぎつぎと焼夷弾の大きな束を落とし、それが途中の空間で弾けてばらばらになって頭上に降り注いで来た。防空壕に入る暇もなく、咄嗟に軒下へ飛び込んだ。一本の油脂焼夷弾が軒先に突き刺さった。B29は、地上で燃えさかる我が町内の住宅が焼ける火炎に赤々と照らし出され、銀色の巨体をはっきり見せて悠々と浮かんでいるように見えた。筆者の周囲は飛び散って燃えさかる焼夷弾の火災で火の海となっていた。

市街地は古い木造建物が密集しており、これを焼失させるには数多くの焼夷弾を落とせば、いとも簡単である。

筆者の目撃した焼夷弾一個は長さ五十センチ、直径八センチくらいの断面が六角形の鉄製筒で、その中に火薬と油脂が詰めてある。それを蜂の巣状に束ねて十九個一束とし、二束三十八個を一つの円筒容器におさめて、前蓋と翼のついた後蓋をつけ、長さ一・三メートル、直径〇・四メートルの集束焼夷弾となる。これをB29は低空を低速で飛びながらどんどん落とすと空中で弾けてバラバラになり、一個ずつ火を噴きながら落ちて来る。私たちはこれに対し、濡れ筵（藁縄を束ね竹棒の先につけたもの）、砂袋で応じた。

五月十四日朝の空襲はB29四百八十機という大規模であった。この日、名古屋城が焼けた。航空機工場の爆撃には大型爆弾を主としていたが、市街地に対しては焼夷弾を多く落とした。このころになると、B29の出撃機は一回に四百から五百機という大編隊であり、マリアナ基地のB29配備は一千機に達していた。これに対する日本機による迎撃は、きわめて少数であった。結果として、本土上空はB29の蹂躙にまかせてしまったのである。

米軍の資料によると、延べ三万三千四十七機のB29と六千二百七十六機の戦闘機が日本本土上空に襲来したという。

南関東の空襲はどうであったか。

六月十日、東京空襲警報七時五分。静岡を東北進中。七時十分、富士山付近を北上中。本土侵入の敵は五個編隊六十機、後続あり。七時二十七分、京浜地区侵入。

中島飛行機荻窪工場に五十機が空爆。七時三十分。新たなB29二十機が房総南部を北上。日立航空機千葉工場に二編隊二十六機。中島の荻窪工場のあと、横浜市の南部にある日本飛行機の富岡工場。三十二機が来襲。

立川飛行場。西側に昭和村。陸軍航空本部技術研究所、多摩研究所、陸軍航空廠。その西に陸軍航空工廠がある。

マリアナのB29が集中的に爆撃したのは、二十年二月と三月は、もっぱら三菱の名古屋発動機製作所大幸工場と中島飛行機の武蔵製作所であった。四月四日に立川飛行機、二十四日に日立航空機の発動機工場、三十日に陸軍航空工廠。六月十日にふたたび陸軍航空工廠と日立の発動機工場を爆撃。

四月七日（七回目）、十二日（八回目）の爆撃で武蔵製作所は完全に壊滅した。

四月から五月上旬まで、鹿児島、宮崎、熊本、大分の特攻機発進基地の爆撃。その後、東京、名古屋、横浜、大阪、神戸の大都市の焼夷弾攻撃。武蔵、大幸以外の航空機工場爆撃。

武蔵製作所は九回目を狙われた。

六月十日、関東地区の六つの航空機工場を、およそ二百五十機のＢ29と護衛のＰ51七十機が来襲した。また、日立製作所の日立工場は航空機用は、もちろんあらゆる電気機器の製造をしていたが、Ｂ29百二十機に襲われた。

## 日本本土の防衛体制

しからば、日本の防空体制はどうであったか。Ｂ29は通常、一万メートル以上の高高度で侵入してきた。高射砲の弾丸はとどかなかったし、七千メートル以上にもなると、もはや有効ではなかった。

日本の主力高射砲は八八式七十五ミリ野戦高射砲（最大射高九千百メートルという）であった。ついで九九式八十八ミリ高射砲（最高射程一万一千メートル）が量産されたが、Ｂ29の高高度飛行には間に合わなかった。三式十二センチ高射砲（最高射程一万四千メートル。終戦までに百七十門生産）も出現して威力を発揮したが、故障が多かった。Ｂ29対策の十五センチ高射砲（射高二万メートル）は一九四四年四月に二門完成しただけであった。

航空機にたいしての砲撃は、直撃しなくても至近炸裂で有効であるが、日本の対空砲弾は、時限信管であるので、目標が近くにいなくても一定の距離を飛べば炸裂するし、ときには近くを通りすぎても炸裂しないこともある。これらの理由から日本の防空火器の能力は低かっ

活躍した日本陸海軍の戦闘機及び開発中の戦闘機一覧

| 名称／形式 | 試作完成 | 制式採用 | 生産機数 | |
|---|---|---|---|---|
| 「隼」キ 43 一式戦闘機　1937/12 開発開始 | ・・・ | 1941/ 5 | 5751 | 中島、立川他 |
| 「鍾馗」キ 44 二式戦 | 1940/8 | 1942/ 4 | 1227 | 中島 |
| 「飛燕」キ 61 三式戦 | 1941/2 | 1947/ 6 | 2884 | 川崎 |
| 「屠龍」キ45 改,甲乙丙丁戊二式複座戦闘機 | | 1942/2 | 1701 | 川崎 |
| 「疾風」キ 84　四式戦　甲乙丙丁 | 1943/3 | 1944/3 | 3499 | 中島 |
| 五式戦 川西キ 100、キ 100 Ⅰ、Ⅱ | | 1945/2 | 396 | 飛燕の水冷を空冷化 |
| 「零戦」A6M-1　1937/10 開発開始 | 1939/3 | | 2 | 三菱十二試艦戦 |
| 「零戦」A6M2　零式一一型 | 1939/12 | 1940/7 | | |
| A6M2b　二一型 | | 1940/12 | | 三菱,中島 |
| A6M3　三二型 | 1941/7 | | 「零戦の | |
| A6M3　二二型 | | 1943/1 | 総生産数」 | |
| A6M5 a　五二型甲 | | 1943/8 | 10098 | 三菱 3880 |
| A6M5 b　乙 | 1944/4 | | | 中島 6545 |
| A6M5 c　丙 | 1944/9 | 1944/10 | | |
| A6M6　五三型 | | | | |
| A6M7　六三型 | | | | |
| A6M8c　五四型丙、六四型 | | | | |
| 「月光」13 試双発陸上戦闘機 J1N1 | 1941/3 | 1941 | | |
| 二式陸上偵察機　J1N1-R | | 1942/7 | | |
| 夜間戦闘機　J1N1-S ,Sa | | 1943/8 | 486 | J1N2,J1N3 |
| 「雷電」14 試局地戦闘機　J2M2,M3,M4,M5 | 1942/2 | 1944/1 | 470 | |
| 水上戦闘機「強風」一一型 N1K1 | | | 97 | |
| 局戦「紫電」一一型　N1K1-J | | 1944/10 | 紫電 11 型計 | 「強風」を改修 |
| 一一型甲　N1K1-Ja | | | 1007 | |
| 一一型乙　N1K1-Jb | | | | |
| 一一型丙　N1K1-Jc | | | | |
| 「紫電改」=[紫電二一型]　N1k2-J | | 1945/1 | 紫電改計 | |
| [紫電二一甲型]　N1K2-Ja | | | 400 | |
| 「紫電改一」=[紫電三一型]　N1K3-J | | | | |
| 「紫電改二」　（艦戦）　N1K3-A | | | | |
| 「紫電改三」=[紫電三二型]　N1K4-J | | | | |
| 「紫電改五」=[紫電二五型]　N1K5-J | | | | |
| 「烈風」17 試艦戦　A7M1,M2,M3,M3-J | 1944/5 | 1945/6 | 8 | |
| 「陣風」川西 18 試甲戦 対戦闘機用 J6K | | | | 1944/10 開発中止 |
| 「閃電」三菱 17 試局戦 J4M1 双胴推進式 | | | | 1944/10 試作中止 |
| 「天雷」中島 18 試乙戦 J5N1　双発 | 1944/6 | | (6) | 1944/10 試作中止 |
| 「震電」九州飛行機 18 試局戦　J7W1 | 1944/6 | | 1 | 前翼機 |
| 「電光」愛知 18 試夜間戦闘機 S1A1　双発 | 1945/6 | | (2) | |
| 三菱キ 83 試作遠距離戦闘機　双発 | 1944/10 | | (4) | |
| 中島キ８７試作高高度戦闘機 | 1945/2 | | (1) | |
| キ 102 乙　川崎双発（戦闘）襲撃機 | 1944/3 | | 215 | |
| 立川キ 94-Ⅱ試作戦闘機　キ94-Ⅰは中止 | 1945/7 | | (1) | キ94-Ⅰ双発双胴機 |
| 「橘花」中島特殊攻撃機 | 1945/8 | | 1 | 軸流式ターボジェット機 |
| 「火龍」中島キ 201 試作戦闘攻撃機 | | | | Me262 のコピー機 |
| 三菱キ 109 試作特殊防空戦闘機　双発 | | | 24 | 飛龍に 75 ミリ砲搭載 |
| 「秋水」キ200；J8M1 | 1945/7 | | (5) | |

たといえる。これに対し、アメリカ軍のレーダー射撃装置とVT信管とを組み合わせた機動部隊の対空砲火は強力であった。

さらに日本の迎撃戦闘機は一万メートルまで上昇し、敵機を攻撃するだけの性能が無かった。

緒戦に活躍した「零戦」(昭和十五年七月制式採用)、「隼」(十六年五月制式採用)はすでに時代遅れになっていたが、それに加えて登場した新鋭機「鍾馗」「飛燕」「屠龍」「疾風」、五式戦、あるいは「月光」「雷電」「紫電」「紫電改」が果敢に立ち向かい、ときには体当り攻撃までも行なったが、来襲敵機の数が多すぎ、また高高度に上がるのに時間がかかりすぎるうえ、高空性能は悪く、善く奮闘したが、しょせん歯が立たなかったのであった。

高高度用として設計された迎撃戦闘機でなければ、「超空の要塞」B29とは戦えない。一万メートルにせめて十分くらいで到達できる上昇力、強力な火器、高空におけるエンジンの高出力、操縦席の気密化などと同時に搭乗員や燃料タンクに対しての防御性能が要求される。

また、来襲するB29の何百機という大群を迎え撃つにも、それに応じた局戦の大部隊群をもって対抗するのでなければ、勝敗はおのずから明らかである。

この時点で、昭和十七年から開発にかかっていた三菱十七試艦戦「烈風」(十九年十月に一一型完成)をはじめ多数の高性能局地戦闘機、たとえば十八試局戦「震電」「天雷」などがあったが、いずれも実戦には間に合わなかった。

期待された十九試ロケット局戦「秋水」は、十一ヵ月という短期間で試験飛行にこぎつけたが、終戦となってしまった。

また、このほかに開発中の日本高高度戦闘機は中島キ八七、立川キ九四、川崎キ一〇二甲などがあったが、性能が出ないなどで中止あるいは完成したときは終戦となり間に合わなかった。

日本の航空技術陣の血のにじむような努力にもかかわらず、結局、技術と生産力の戦いに敗れたのである。

太平洋戦争中に活躍した日本の陸海軍戦闘機について、開発途中のものもふくめ、その主なものを一覧表にまとめた（P.193の表参照）。戦闘機以外の艦上攻撃機、偵察機、艦上爆撃機、陸上攻撃機、爆撃機その他の機種に関しては割愛した。


特攻兵器が大勢挽回の神風になるか？


昭和十九年八月、開発試作にとりかかった有人ロケット推進局地戦闘機「秋水」は、特攻兵器ではない。一万メートルに三分三十秒で上昇し、米機Ｂ29を攻撃してから基地に帰還する。

秋水の開発と時を同じくして、この時期に、開発、試作、生産が進められていた「新兵器」には何があったかを考えてみるのも、きわめて意義のあることであると思う。

真珠湾奇襲（一九四一年十二月）に成功し、ミッドウェー海戦（一九四二年六月）に完敗する前までの半年間は、日本海軍はアメリカ海軍より優勢であった。その二ヵ月後、ガダルカナルの攻防をめぐる航空戦で日本海軍は米海軍に破れ、その後の戦いをつづける余力を喪失してしまった。

昭和十八年以降、日本海空軍の主力はほとんど壊滅に瀕し、戦局は日に日に不利となり、フィリピン、マリアナが奪回され、硫黄島、ついで沖縄にまで侵攻されてきたが、この態勢を挽回する戦力は日本海軍にはもう無くなっていた。

日本の航空機、航空母艦の補充、生産能力はアメリカにくらべてきわめて弱体であった。たとえば飛行機は、日本が昭和十八年度に一万六千六百機製造したが、アメリカは八万五千八百機も製造した。十九年度には日本の二万八百機に対しアメリカは九万六千機であった。ガ島の攻防戦で敗れて一年半後、ようやく機動部隊を整備した日本は、こんどはマリアナ沖海戦（一九四四年六月）で、また完敗を喫してしまった。

日本の敗因は、兵力数の大差は当然として、単に数の差だけではない。開戦当時は日本海軍の零戦は絶対優勢であった。しかし工業力の優れた米国が零戦に勝つため、開戦時のグラマン・ワイルドキャットF4F-3戦闘機をきわめて迅速に、十分なスピード、攻撃力、防御（防弾）能力を持ったグラマン・ヘルキャットF6F-3に切り換えた昭和十八年以降は、もはや零戦は時代遅れとなりつつあり、その後継機である二千馬力級エンジン搭載の「疾風」や「紫電改」の出現は立ち遅れていた。

このほか、たとえば日本には無い高性能レーダーやVT信管（電波により近接をキャッチし、炸裂する信管）等の秘密兵器を駆使した戦闘技術をアメリカが開発していたという技術レベルの大差があったことによる。

当時、日本海軍の完敗については、国民はまったく知らされず、知る由も無かった。サイパン島の玉砕（一九四四年七月）は、その二週間後であった。その後の台湾沖航空戦（一九四四年十月十二日〜十六日）も比島沖海戦（十月二十三日〜二十六日）も哀れな結末で、海軍が文字通り壊滅してしまった事実は、上級軍人のほかは知らされなかった。

しかし、なんとしても侵攻してくるアメリカ機動部隊の撃滅と、当然、引き続いて対処すべき日本の本土防衛が、深刻かつ緊要な大問題であった。

マリアナ基地が整備され、大量生産態勢ができた「超空の要塞」B29は昭和十九年十一月以降、大挙して日本の発動機工場を空爆した。十二月から二十年一月、二月、はじめは航空機工場を精密爆撃していたが、やがて市街住宅地の無差別爆撃となり、八月の終戦までに、軍事施設はもとより日本全国の大小都市町村が爆弾と焼夷弾により破壊された。

本土防衛態勢にしても、実際は、上陸してくる米軍を迎撃するような本格的な航空機、武器、弾薬も乏しく、全国要所に配置された軍隊も補充兵力が多いなど、精鋭とは言い難かった。

こうした事態になって、米軍の進攻を喰い止める唯一の方法は特攻であった。

## 米機動部隊撃滅と本土防衛のための特攻兵器

日本全土に超高度で飛来して空爆をするB29を迎撃し、これを撃墜する高性能局地戦闘機の開発、生産は必要であるが、戦局が切迫してきたため、日本本土に攻撃して来る米空母機動部隊群や本土上陸を狙う米軍部隊に壊滅的打撃をあたえ得る「特攻兵器」を早急に製造することも、さらに必要になってきた。

特攻とは、「特別攻撃」の略称である。最初、航空機による特別攻撃は、普通の軍用機（戦闘機や爆撃機）に爆弾を固定して、飛行機ごと敵の軍艦に体当たりした。

海軍が捷号作戦において、昭和十九年十月二十日、ルソン島のマバラカット基地で零戦二十六機の神風特別攻撃隊（隊長関行雄大尉）を編成し、二十五日に敷島隊の零戦五機が二百五十キロ爆弾をかかえ、直掩零戦四機とともにレイテ沖へ出撃したのが組織的な特攻の最初である。それから比島、硫黄島、沖縄戦までの十ヵ月間、二十年八月十五日までに出撃した海軍特攻機は約二千三百六十機、そのうち体当たりした機数は約千三百三十機であった。神風特攻は零戦のほかに九九艦爆、彗星艦爆、銀河双発陸爆なども使われた。

昭和二十年に入ると、「全面特攻」という悲壮な作戦が展開され、陸海軍の戦備も、零戦などの通常の軍用機に爆装した特攻機とともに、かなり前から行なわれていた「特攻兵器」

の開発整備を最重点に進めていったのである。

特攻のために特別に計画された兵器としては、「回天」（昭和十八年三月提案、四月量産開始）、「震洋」（昭和十七年提案、十九年五月量産開始）、「桜花」（昭和十九年五月提案、八月試作、九月量産開始）、特殊潜航艇など、航空機以外の「水中・水上特攻兵器」が種々開発もしくは生産され、本土防衛の水際決戦のために実戦に出撃し、あるいは各地に配置準備されたが、憂国の若人たちの尊い犠牲にもかかわらず、ついには救国の兵器とはならなかった。

## 「桜花」と「一式陸攻」

### ①ロケット特攻機「桜花」の試作

大田正一特務少尉は、ロケット体当たり機「人間爆弾」を考え提案していた。一式陸上攻撃機の胴体に「人間爆弾飛行機」（頭部に千二百キロの高性能爆薬を装備した、人が乗る小型滑空爆弾）を吊るし、敵艦から数十キロ離れた上空から離脱発進させ、みずからのロケットを噴射して飛翔し、敵艦めがけて体当たりするという狙いであった。軍令部は空技廠飛行機部に㊅（まるだい）の試作を命じた。人間を乗せて母機から打ち出される「桜花」は生還の可能性はまったくない。

発案者大田少尉の頭文字をとり「㊅」と名付け、正式に試作命令として五十台発注され、試験飛行成功後、二百台に増加された。海軍空技廠の山名正夫技術中佐が指揮をとり、設計主務は三木忠直技術少佐である。設計陣は昭和十九年八月十六日に設計を開始した。母機である一式陸攻に懸吊して行くため、ロケット・エンジンにしなければならない。当時は、ようやく火薬ロケットが実用の目鼻のついた唯一のものであった。火薬燃焼時間わずか十秒程度のもの三本という性能不満足な火薬ロケットを採用した。

◎「桜花」一一型の要目
全長六・〇七メートル、全高一・一六メートル、全幅五メートル
翼面積六・〇平方メートル、自重四百四十キログラム、全備重量二千百四十キログラム
最高速度六百五十キロ/時、航続距離：発進高度三千五百メートルで三十七キロメートル
エンジン：四式一号二〇型火薬ロケット・推力八百キロ×三（燃焼時間八秒）
武装：機首に千二百キロ徹甲爆弾、乗員：一名

飛行実験については、親子飛行機の離陸、空中性能、操縦性能や、子機の離脱、操縦性を確かめるため、十月二十三日のダミー機離脱実験ののち、十月三十一日には茨城県百里原飛行場で親子機の離脱試験飛行が行なわれた。

のちには実際の訓練や試乗も行なわれたが、着地は非常に難しいものであった。桜花が発進する際には、まず母機に吊るした金具が炸裂し、「桜花」が飛び出して猛烈な速度で落下する。その後、操縦桿を引いて速度を落とし、胴体に臨時につけた橇によって着地するとい

う離れ業であった。

桜花のロケットの噴射試験は追浜飛行場で、昭和十九年十一月六日、実機を地上に固縛して行なった。物凄い煙と砂塵を飛行場一面に拡げた。ロケット外面は非常な高温になるので、胴体のロケット装備部の改良等を行ない、十一月十九日、再試験をしたが良好であった。つぎに実機にロケット一本を搭載、テストパイロット長野兵曹長が、高度四千メートルから離脱、時速七百五十キロまで増速したのち、鮮やかに着陸した。

空技廠でロケット戦闘機「秋水」のエンジン設計をしていた三菱秋水係の一員であった筆者が、空技廠の追浜飛行場の東北隅にあったロケット噴射実験場で、秋水の噴射実験の傍ら桜花のロケットの噴射試験の計測を手伝ったことが思い出される。当時の日記を見ると、秋水ロケット・エンジン噴射実験にはじめて成功したことが書いてあり、途中で㊅の実験を手伝ったことが数文字ではあるが記されてあり、深い感慨をおぼえる。

『昭和二十年一月十六日（日誌原文ノママ）

登廠直ちに設計一同夏島運転場へ行く。水試験の後　第一段燃焼薬液試験をなす。相当の成果を得る。十二時過ぎ昼食。午後二速をなす予定なりしも調子悪く水試験に終始す。

昭和二十年一月十九日

午前より　夏島運転場にて　秋水燃焼実験をなす。第二段午前中良好なる成績にて終わる。

午後　第三段をなしたるに良好なりし。八月以来の苦労ここに結実した。

昭和二十年一月二十日

前日と同じく燃焼実験。陸軍技研より絵野沢中将来たり。また海軍空技廠長和田中将来る。午前中、秋水準備のみにて燃焼実験に至らず、㊅の実験を手伝う。

午後一、二段実噴射試験をなす。終わりて絵野沢中将訓示あり。五時帰寮す。夕食後広間にて成田課長、陸軍三谷少佐以下、海軍　藤平部員、伊藤部員、九州大学の葛西教授らと、絵野沢中将よりの酒にて歓談す』

十月一日、桜花特攻隊がつくられ、神之池基地に一式陸攻の七二一空神雷部隊が編成された。㊅は「桜花」の制式名称をあたえられた。神之池海軍航空隊は、はじめ海兵、予備学生、予科練出身者の零戦の練習基地であったが、特攻作戦が決まってからは、特攻隊の訓練基地となっていた。昭和二十年一月、神雷部隊は鹿児島県鹿屋基地に移動して出撃態勢をととのえた。

いま、空技廠が取り組んでいるロケット機「秋水」を何百機もつくり、上空に飛来するB29を撃墜することは必要だが、攻めて来る敵機動部隊を撃沈する兵器も一層必要である。親機から切り離したあと、大型爆弾に翼をつけ火薬ロケット推進薬をつけた特攻機に、操縦員が乗って、目標めがけて体当たりをするのである。この体当たり機を攻撃目標の近くまで運ぶにはこれを吊り下げて行く大型機が必要であり、一式陸攻をこれにあてる。

桜花を胴体下面に懸吊した一式陸攻。わずかな被弾で発火するため、「ワン・ショット・ライター」と呼ばれた

特別攻撃機「桜花」。火薬ロケット推進式の人間爆弾

十一月十三日、戸塚航空本部長、二十日、永野修身元帥、二十三日、及川古志郎軍令部総長、十二月一日、豊田副武連合艦隊司令長官が神之池基

地に来て桜花隊員を激励した。かれら海軍上層部は、桜花のほかの特攻兵器があまり役に立たないことを内心で知っていたから、桜花に大きな夢と期待をよせていたのであった。

ここで筆者の記憶に残る話をしてみよう。それは昭和十八年夏のことであった。海軍整備科予備練習生となっていた先輩が学校(旧制工業)を訪れて入隊を勧誘した。また、当時は海軍飛行予科練習生などの募集が全国的に行なわれた。若者はいずれ軍隊に行くことに決まっていたが、普通の徴兵検査の前に志願する者が多かった。その結果、私の同級生からも海軍甲種予科練、整備科予備練、海軍兵学校等に二十名(じつに六十パーセント)が入隊したのである。

その中で杉中昌氏は予科練で特攻隊を志願して「震洋」に乗り出撃した。弱冠満十八歳。出撃に際し、「おのが身は弾丸となりて砕くとも 皇国道に吾は生きなん」の辞世を残して。

また、同じく前川勇氏は昭和十九年一月に予備練入隊、海軍追浜航空隊を経て、九州鹿屋基地で神雷部隊一式陸上攻撃機の整備を担当していた。昭和二十年三月二十一日、人間操縦爆弾「桜花」の最初の特攻、神雷部隊出撃を見送った一人であった。

### ②桜花の出撃

「桜花」は親機がどこまでも運んでくれるから、配備しても敵に接近できないような回天や震洋とは違う。その頭部につけた千二百キロの爆薬の威力は、うまくいけば空母を沈めるこ

桜花とともに鹿屋基地を飛び立つ神雷部隊の一式陸攻

とも不可能ではない。飛行実験も生産も順調に進んでいた。

昭和十九年十一月二十八日、最初の五十機の「桜花」は竣工したばかりの空母「信濃」に積み込まれて横須賀から九州へ出航した。「信濃」には、空母本来の艦載機は一機も無く搭乗員も居なかった。飛行機を持たない新鋭空母は残念ながら、哀れな輸送船であった。

翌二十九日、「信濃」は潮岬沖で哨戒中の敵潜水艦「アーチャーフィッシュ」に見つかり水中からの魚雷六発で桜花五十機を乗せたまま沈没してしまった。「信濃」は基準排水量六万二千トン、世界最大の新鋭空母であった。日本近海とはいえ、この時期に護衛も無く航海するのは、自殺行為であった。

十二月十七日、空母「雲龍」が桜花三十機と震洋を搭載し、佐世保からフィリピンへ向かったが、十九日夜、宮古島沖で敵潜の雷撃を受けて沈んだ。十「雲龍」には艦載機も無く護衛艦もついていなかった。桜花五十八機を積んだ空母「龍鳳」はルソン島へ行くのをやめて台湾に向かった。

「桜花」は親機に吊り下げられて敵に相当（十ないし五十キロメートル）近接してから離脱し、攻撃するものである。敵に近づいて攻撃する前に母機とともに敵迎撃機に撃墜されたのでは元も子もない。このため「桜花」出撃には、十分な掩護戦闘機の随行が不可避である。その戦闘機は迎撃する米機F6Fヘルキャットに太刀打ちできる性能と上回る機数を持つものでなければ成功しない。日本機の出撃は、つねに米軍レーダーに捕捉され待ち伏せされるのが常道であった。

話はそれるが、昭和十八年四月十八日、直掩零戦六機をともなった山本五十六長官らの搭乗した一式陸攻二機が、ラバウルを飛び立ち、ブイン上空で米ロッキードP38十六機に待ち伏せ奇襲され、撃墜された。山本長官の前線視察を知らせる各基地への長文の日程電報（暗号電報）は、四月十三日に発せられていたが、米軍側はすでに解読して、長官の動静をことごとく知っていた。レーダーと暗号解読に関して日本側はまったく無用心であり、長官の行動秘匿の慎重性に欠けていた。

山本長官機撃墜を二ヵ月ほど遡る二月十日、陸軍の第八方面軍司令官今村均中将（同年五月一日、大将に進級）がラバウルから一式陸攻に乗ってブインへ飛んだときのことである。ブイン飛行場に近づいたとき、かなり近距離に、待ち伏せしている米軍機三十機ほどを発見した。操縦していた某上等兵曹は落ち着いて退避行動をとる急旋回して機を雲のなかに突入し、十分ほど雲中を飛びつづけた。米機は飛び去り今村の乗機は無事ブイン飛行場に着陸することができた。

この二ヵ月後の同じ時刻、同じ位置、同じ敵機、今村司令官はなんとか無事であったが、山本長官は撃墜されてしまった。今村機が迎撃されたときのようすを、だれかが山本長官側近にでも通達しておれば、暗号筒抜けをまったく知らなかった長官機墜落の悲劇は回避されていたのではなかろうか。今村司令官も日本の暗号が解読されていたことをまったく想像もしていなかったという。

昭和二十年三月二十一日、鹿屋基地から、野中五郎少佐のひきいる「桜花」十五機を積む神雷部隊（陸攻十八機）、直掩十九機、間接掩護機十一機で出撃したが、ヘルキャットをふくむ敵戦闘機五十機の待ち伏せ迎撃に遭い、全機消息を断った。こうして「桜花」隊員十五名、陸攻隊員百三十五名、掩護零戦隊員十名の百六十名が一挙に失われたのであった。

出撃に先立ち野中少佐は、幕僚たちに注文をつけた。「一式陸攻は『一式ライター』とよばれるほど燃えやすい。このため敵戦闘機に迎撃されては一たまりもなく撃墜されてしまう。それを防ぐには、どうしても七十機以上の戦闘機による掩護が必要である」と。にもかかわらず、配備されたのは五十五機、それも実際には三十機に減っていた。

その後は神雷部隊は単機奇襲戦法に切り換えることになった。その後六月末までに、神雷部隊は奇襲による桜花特攻と、爆弾搭載の戦爆特攻を沖縄方面の敵艦船に対し実施した。桜花攻撃は第十次まで百八十五機（桜花七十五機、陸攻七十八機、掩護戦闘機三十二機）のうち未帰還百十八機四百三十八名（桜花五十六機五十六名、陸攻五十二機三百七十二名、掩護戦闘機十機十名）。五十番爆戦特攻百十四機のうち未帰還九十機九十名、二十五番爆戦特攻二百五十四機のうち未帰還百九十四機百九十四名。未帰還の合計四百二機七百二十二名を数えたのである。

一式陸攻の搭乗員は、操縦・正副（二名）、偵察（二名）、爆撃（二名）、機上整備（一名）の（計七名）である。別資料による例として機長（偵察）、主操縦、副操縦、電信、電探、攻撃、整備とあり、桜花搭乗の一名は別である。桜花特攻に際し、子機を切り離したあとは、親機は帰還せよという命令を受けていたようであるが、実際に帰還した親機の例はきわめて稀（まれ）であったのは、まことに遺憾のきわみである。

### ③桜花特攻の弱点

重量のある桜花（二千百四十キロ）を吊り下げた陸攻は速度が落ち、時速四百キロ以下になってしまう。当然、掩護する零戦が同行し難いことになる。しかし、直接掩護戦闘機は陸攻に密着しなければならない。さらに間接掩護戦闘機も必要である。この体勢が十分であったとしても、敵艦に接近し、桜花を切り離す距離（五十キロから二十五キロくらい）に到達する遙か前からすでに桜花特攻の神雷部隊は敵のレーダーに捕捉されていて、圧倒的多数の、零戦より優れた性能と技能をもった迎撃戦闘機が上空で待ち受けているという状況になっていては、犠牲も多くなり、かつ、期待するような戦果を挙げるのはきわめて困難となる。

また、当初の大田提案では、母機は桜花を切り離した後は当然、基地に帰還することになっていたと考えたい。

### ④一式陸攻の弱点

中型陸上攻撃機を略して中攻または陸攻と呼ぶ。ただ一機試作された八試中攻（G１M１）のあと、中攻としてはじめてつくられたのは、九六式陸攻（G３M１、G３M２）である。九六式陸攻は、日中戦争において昭和十二年八月以降、九州と台湾から南京、杭州など中国大陸奥地へ渡洋爆撃を敢行したことで知られ、当時の日本海軍の中心的攻撃機として活躍した。

その後継機が一式陸攻（G４M１、G４M２、G４M３）である。陸上基地から敵の基地、艦船を爆撃できる重爆撃機である。双発、特徴のある葉巻形の胴体を見ると、すぐに一式陸攻とわかる。

三菱の設計主務者であった本庄技師は、『海鷲の航跡』（海空会編、一九八二年刊）で、以下のように述べている。

『軍と三菱の第一回一式陸攻試作打ち合わせ会で、「九六陸攻の性能をさらに向上させる技術はとくに見当たらず、馬力増大以外には無かったにもかかわらず、海軍側の出した一式陸攻の試作要求項目は、いたずらに機械としての効率が良いことに偏り（かたよ）、軍用機としての強さが不充分のように思う。それには防弾と消火および機銃性能の強化が必要である。要求項目を満足する機体はできるが、攻撃に対する防備が不充分と思う。とくに小柄な機体に長い航続力の要求は機体の至る所に燃料タンクがあることになり、被弾すればそこにかならず燃料タンクがある状態になる。この弱点をなくすには四発機にする以外に方法がない。これによって、大きな搭載量と空力性能と兵儀装の要求を満たし、増やした二発の馬力で防弾用鋼板と燃料タンクの防弾と消火装置を運ぶのだ」

と説明した。それに対して和田操空技廠長は、

「用兵については軍が決める。三菱は黙って軍の仕様書どおり双発の攻撃機をつくればよいのだ」

という一言で、最重要な意見は議論もされず棄却されたのであった』

一式陸攻は、翼をインテグラル・タンク（主翼構造の一部を水密とし、構造をそのまま燃料タンクとして使用する方法）とし、その中に六千リットルのガソリンを収容する。

一式陸攻の別称が、一式ライターともいわれていたように、燃料タンクに数発の焼夷弾が当たればいとも簡単に火達磨（だるま）になる。同じように九六式陸攻の防御力の弱さは、日中戦争初期の出撃以来、多数の犠牲を払ったことからだれもが知っていた。しかし、軍首脳は防御はどうでもよいとし、航続距離を延ばし、攻撃力を強化することのみを考えた。経験を積んだ優秀な搭乗員を数多く失っても、その安全を護るのは後まわしになった。

双発機でありながら、四発の大型機よりも長大な航続距離を要求された一式陸攻にとって、

やむを得ない選択であったかもしれないが、この後の実戦における悲惨な戦闘の原因は、ここにあったのである。

一式陸攻の生産機数は、つぎのようであった。

（G4M1）一式陸攻一一型　同　一二型　（昭和十九年一月まで）計千二百二機
（G4M2）　二二型　二二型甲型　同　乙型
　二四型　二四型甲型　同　乙型　同　丙型
　二四型丁型（沖縄戦で桜花を抱いて出撃）
　二五型～二七型（発動機試験用　四機）
　（G4M2）系　計千百五十四機
（G4M3）一式陸攻三四型（防弾装備）　六十機
　合計　二千四百十六機

## ⑤新桜花の計画

「桜花二二型」＝敵空母群の掩護戦闘機のいないところから桜花を発進させる必要から、航続距離を延ばすために爆薬量を減らし、また親機は一式陸攻より高速の銀河に替えることにした。

「桜花四三乙型」＝本土決戦にそなえ、一式陸攻などの親機を使わず、直接、丘などの高地からカタパルトで発進させる計画があった。陸上用に開発した「桜花四三乙型」は、火薬ロケットとターボジェット・エンジンによる当時としては最新鋭の航空機で、八百キロ爆弾を頭部に搭載し、高速で敵艦船に突入する究極のロケット特攻機であった。
「桜花四三乙型」を発射する五式噴進射出装置（火薬ロケット噴射による離陸用カタパルト）の基地の建設工事が八月末の完成をめざして進められた。房総半島南部では、千葉県三芳村の四ヵ所に分散して各十二基のカタパルト式滑走路をつくり、全体で五十から六十機が配置される予定であった。

**⑥有人爆弾ロケット機「桜花」特攻の報道**

昭和二十年三月二十一日午前十一時二十分、七二一空「神雷部隊」は、鹿児島県鹿屋基地から一式陸攻十八機のうち十五機に「桜花」を吊り下げて、アメリカの機動部隊に対する特攻に出撃した。桜花の出撃はこの日が最初であった。全機還って来なかったのである。海軍航空技術廠夏島で、㊅のロケット噴射試験を、秋水のロケット噴射試験の傍ら手伝っていた筆者らが、神雷特攻隊出撃の発表を聞かされたのは、追浜から松本へ移動してしばらくたった五月二十九日のことであった。

三菱・秋水係・作業日誌・昭和二十年五月二十九日を見る。
『「神雷部隊」発表アリ。例ノ「㊅」ノコトカ』の記載がある。

海軍航空技術廠の追浜海岸のロケット噴射実験場で「秋水」のロケット・エンジン噴射実験をする傍ら、特攻兵器「桜花」のロケットの噴射試験の計測を手伝ったことがあった。この桜花を乗せて出撃した一式陸攻の部隊が神雷部隊であった。この日にはじめて「桜花」特攻が報道されたのであった。

第五航艦司令長官宇垣纏は「桜花最初の出撃」の二十年三月二十一日の日誌に、つぎのように記した。『壕内作戦室に於いて、敵発見桜花発進の電波に耳をそばだてつつ待つこと久しきも、杳として声なし。今や燃料の心配をなし「敵を見ざれば南大東島へ行け」と令したるも之亦何等応答するなし。其内掩護戦闘機の一部帰着し、悲痛なる報告を致せり。即、一四二〇頃敵艦隊との推定距離五〜六十浬に於いて、敵グラマン約五十機の邀撃を受け空戦、撃墜数機なりしも我も亦離散し、特攻は桜花を捨て僅僅十数分にして全滅の悲運に会せりと。嗚呼』

神雷野中隊十八機と援護戦闘機隊十機、百六十人の戦死は、神雷隊と鹿屋基地すべての隊員に大きな衝撃をあたえた。桜花作戦に期待していた軍令部と海軍省の幹部たちは茫然愕然となった。足の遅い陸攻隊とわずかな戦闘機隊が敵戦闘機隊に有利な位置で待ち伏せされ、後方から不意打ちを食らえばどうにもならなかった。

「五月二十九日、新聞の発表記事」

『ロケット弾に乗って、敵艦船群へ体当たり、本土南方沖縄周辺、神鷲三百三十二勇士』

『去る三月下旬九州南方に敵機動部隊来襲以来、沖縄決戦に際会し、わが航空特別攻撃隊の精華、神雷特攻隊はかねて極秘裡に練磨せるその威力を発揮し、敵艦隊の頭上に凄烈な猛威を爆発せしめつつあり、すでに多大な戦果を収めた。神雷特攻隊は敵が「搭乗員の乗れるロケット弾」と畏怖しているもので、帝国海軍にして始めてなしうる新奇な着想に成る特攻兵器であり、一発よく巨艦を瞬時に轟沈しうる物凄い威力を有し、潜水艦部隊の彼の神潮特攻隊とその威力において肩をならべるものである。今回既に出撃赫赫の戦果を収めて散った同部隊の勇士三百三十二名に対し連合艦隊司令長官よりその殊勲を全軍に布告せられた旨二十八日次の如く海軍省より発表された』

『三月下旬勇躍出撃　海軍少佐野中五郎以下百六十八人、四月上旬六十人、同五十一人、四月中旬六十一人』とあり、空母、戦艦を何隻沈めたと具体的な記述はなかった。


火野葦平（陸軍報道班員）は三月二十一日午前十時、鹿屋基地を飛び立つ「桜花」を吊り下げた一式陸攻の出撃を多くの人とともに見送った。神雷隊は還って来なかった。彼は「神雷特攻隊を讃う　ああ火箭の神々」のなかで、つぎのように詠じた（六月五日、朝日新聞）。

『これら紅顔の若人たちは
ひとたび出撃してゆけば

たれ一人還って来なかった』

「昭和二十年五月二十九日、同盟通信社ニュースの神雷特攻隊記事」（『村田省蔵遺稿　比島日記』原書房、昭和四十四年）

『……去る三月下旬以来本土南方並びに沖縄周辺海面に屡次に亘って出撃し、その驚異的威力を縦横に発揮せる我神雷特別攻撃隊員三百三十二勇士の輝く武勲に対し、さきに連合艦隊司令長官より夫々全軍に布告した。神雷特別攻撃隊こそは航空特別攻撃隊の最高峰を行くもので、その壮烈な戦意と恐るべき威力が猛然敵頭上に炸裂する時の状況はさながら百雷の一時に落つるが如く凄絶極まりなきものである。従来の特攻機は爆撃機或は戦闘機が特別爆装を施して飛行機そのもので一個の爆弾となって敵艦船に命中するものであるが、神雷は所謂親子飛行機であり、飛行機の形をした翼の生えた爆弾に特攻隊員が乗り之を親飛行機の下方胴体に抱え出撃し、敵艦船頭上で之を放つと猛烈な速度で敵艦船に命中炸裂するものである』

陸軍の液体ロケット推進式無線誘導弾

海軍の体当たり機「桜花」に対し、陸軍はどうであったか。

陸軍航空審査部絵野沢中将は昭和十九年七月、三菱長兵の椋木技師（無航跡魚雷の研究

者）と名研の日比技師（筆者と同じ研究課のロケット係長）を立川の陸軍航空技術研究所に呼んで無線誘導ロケット式飛行爆弾の検討を行なった。

そして、一航研大森中佐ら、二航研三谷大尉らを三菱名発に派遣、大幸荘（三菱名発の集会所）において三菱重工の技師をまじえて一週間ちかく検討し、基本計画を立案、陸軍はただちに三菱に対して設計製作を依頼した。

大小二種類の無線誘導弾が計画され、それぞれキ一四七「イ号一型甲」、キ一四八「イ一型乙」と呼称した。

「イ号一型甲」は弾頭八百キロ、推進は「特呂一号」（推力三百キロ）。「イ号一型乙」は、弾頭タ弾三百キロ、推進は「特呂一号二型」（推力百五十キロ）であった。

「イ一甲」は四式重爆「飛龍」、「イ一型乙」は「九九式双軽爆またはキ一〇二乙」の胴体に吊り下げ、高度七百から一千メートル、目標の約十キロ手前で投下して、ロケット・エンジンをそれぞれ六十秒ないし八十秒噴射し、時速五百五十キロに達し、母機からの無線誘導によって敵艦を直撃する。

ロケット・エンジンは推進剤として八十パーセント濃縮過酸化水素（$H_2O_2$）、触媒に四十パーセント濃縮過マンガン酸ソーダ（$NaMnO_4$）を燃料とする空気加圧式の一液エンジンである。

イ一甲は試作機をふくめ十数機（三菱名航）、イ一乙は試作をふくめ百八十機（川崎航空機）がつくられたが、当時の彼我の制空権の状況から、接近前に母機が撃墜されてしまうことが確実と思われるという理由で、実戦に使用される機会はなく、陸軍は本計画を中止してしまった。

## 水中・水上の特攻兵器

### ①震洋

「震洋」は、船首に爆薬を装填したベニヤ板製舟艇（一・三トン）の水上特攻兵器である。月産五百隻、終戦までに六千余隻がつくられた。乗員は予科練を中心に集められ、大村湾で訓練を行なった。海軍は沖縄に震洋特攻隊を二隊配置した。

長さ六メートル、幅一・六メートル、ベニヤ板製の船体に自動車エンジンを搭載し、時速二十五ノット程度とあまりにも遅かった。船首に二百五十キロ爆弾を収納して体当たりする。体当たり直前、救命胴衣を着た乗員は海中へ脱出することになっていた。

速度が遅いので、敵に発見されたら、たちまち狙い撃ちされてしまう。その対抗策として、後部座席の左右にロケット式散弾（手動のロサ弾）が一発ずつ設置された。体当たり直前五百メートルの距離で発射して敵機銃員を殺傷するためであった。

筆者の級友杉中昌氏は甲種予科練に入隊し、震洋の乗組員になり、南西諸島へ進攻のため移動する途中、潜水艦に沈められてしまった。もう一人の同じ級友である加藤儀祐氏も予科練震洋隊であった。彼の場合は沖縄戦の特攻であった。敵艦船があまりにも多く群がってお

震洋艇。モーターボート前部に炸薬250キロをつむ

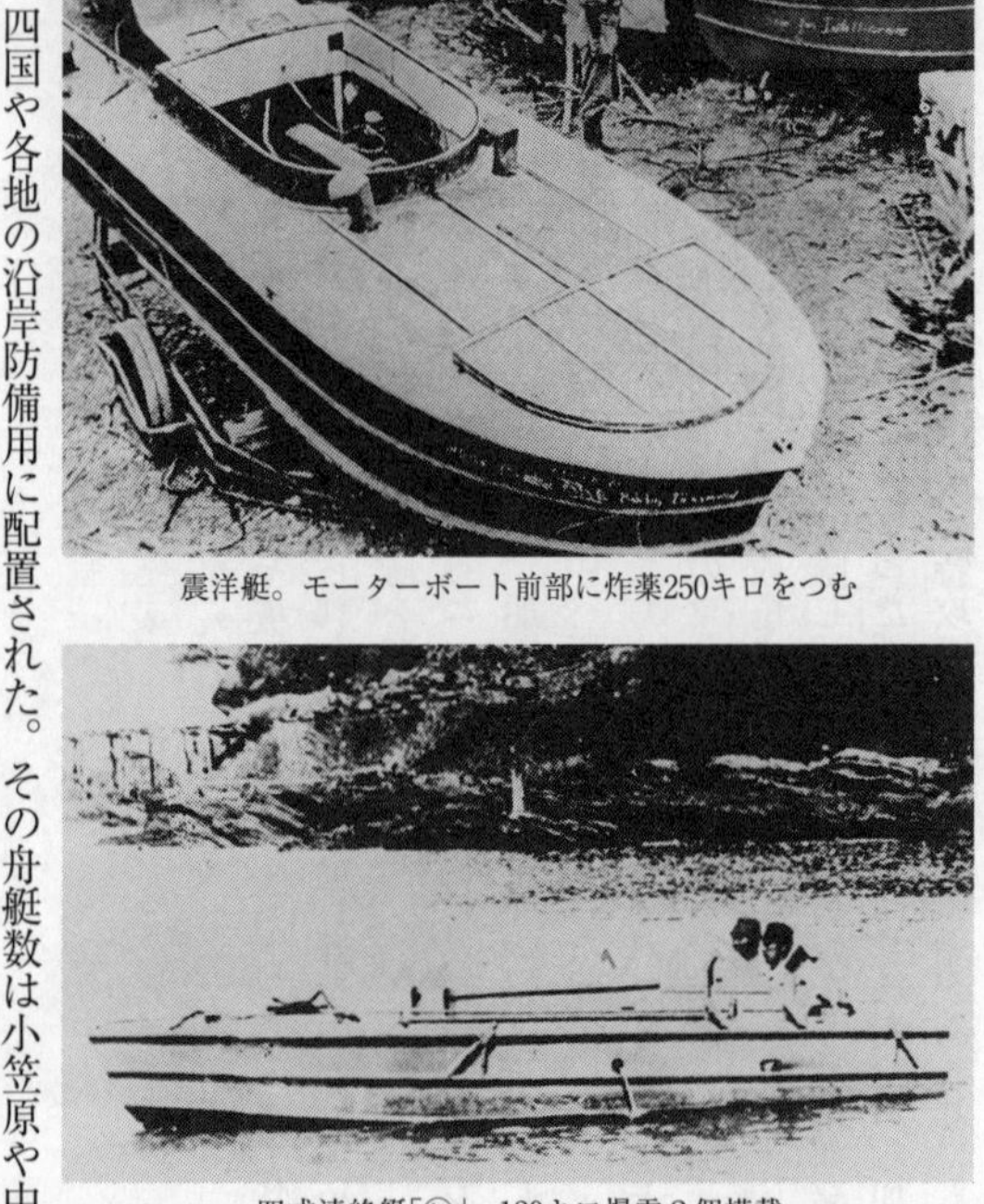

四式連絡艇「㋹」。120キロ爆雷２個搭載

り、低速の震洋で攻撃する機会を失し、震洋隊はバラバラになって統制を欠いていた。加藤君は丸木舟を見つけて脱出し、沖永良部島にたどり着いて九死に一生を得た。

本土決戦に対し、震洋基地は九州、四国や各地の沿岸防備用に配置された。その舟艇数は小笠原や中国地方もふくめ三千七百八十隻に達した。ロケット・エンジンをもつ高速「震洋」も試作されていた。震洋の特攻部隊は関東（房総）、東海（相模湾、南紀）、南四国、九州を重点におき、さらに喜界ケ島、宮古島、台湾、香港、馬公、海南島など広い範囲にも配置され、部隊総数は百部隊であった。

②マルレ（Ⓡ）

陸軍は「震洋」と同じような一人乗り特攻艇「マルレ（Ⓡ）」（一・四トン、全長五・六メートル）をつくった。その数は十九年八月から四ヵ月間に三千隻と多い。敵に近づき海中に機雷を投下し、Uターンして退避する方法であったが、百二十キロ爆弾を二発積んで体当たりもおこなわれた。本土防衛の責任は陸軍であることかもしれない。昭和二十年一月に初出撃、比島や沖縄防衛戦ではよく活躍した。沖縄・座間味島、阿嘉島、慶留間島、渡嘉敷島および慶良間諸島に約三百隻が配置された。特攻出撃で五月までに約百隻が失われた。

③回天

「回天」は、人間の乗る魚雷である。呉海軍工廠で秘密裏につくられていたこの人間魚雷は、九三式酸素魚雷を改造したもので、全長十四・七五メートル、重量八トン、航続距離十二ノットで七十キロ、三十ノットで二十キロ、中央部の潜望鏡のある操縦席に搭乗して、前部に一・六トンの炸薬、後部に酸素魚雷のエンジンが付いている。

長距離自走能力に欠けるので、敵の基地近くまで潜水艦に運んでもらわねばならない。敵の哨戒機、哨戒艇の目をぬすんで基地に侵入し、低い潜望鏡をたよりに泊地の敵艦に近づき

伊361潜に搭載され出撃する回天。ロケットエンジンを装備する計画もあった

体当たり攻撃することは、至難の業である。

山口県大津島が訓練基地であった。

回天は海中の潜水艦からいったん発進してしまえば、二度と帰還できない絶対死の兵器である。十ヵ月間に十九隻が特攻出撃し、百十五名が戦死、訓練中に十七名が犠牲になった。

回天は昭和十九年十一月に潜水艦三隻（計十二基の回天を乗せている）によって出撃し、回天五機の特攻で初戦果をあげた。

その後、二十年一月、二月、三月と出撃したが、回天を発進させる潜水艦は、攻撃目標に接近する前に敵哨戒機のレーダーや駆逐艦、駆潜艇に捕捉され沈められてしまう（回天を乗せた潜水艦が撃沈されたもの八隻）ので、期待する戦果はあげられなかった。最後には三十ノットで体当たりする洋上攻撃に切り換えた。

行動力を増すため、ロケット・エンジンを装備した「回天」二型も設計された。このエンジンは「秋水」のKR-10（特ロ二号）薬液ロケット・エンジンを使うものであったという。

国内の特攻戦隊突撃隊のうち回天基地は、「横須賀鎮守府（油壺、下田、勝浦、鳥羽、八丈島）」「大阪警備府（小松島）」「呉鎮守府（光、平生、大神、宿毛、須崎）」「佐世保鎮守府（桜島、油津、細島）」の十四ヵ所があった。油壺には回天、海龍、震洋の部隊があり、「油壺」の名は、水中特攻・水上特攻の訓練基地兼出撃基地の総称のように使われていた。

④蛟龍

蛟龍は魚雷攻撃をする小型潜航艇である。甲標的甲型から乙型、丙型（三人乗り）のあと丁型（五人乗り）を蛟龍と呼称した。「蛟龍」は五十三トン、長さ二十六・二メートル、幅二メートル、水上八ノットで千浬（カイリ）の航続距離を持つ。二十年四月から量産がはじまった。日本各地の海岸の防衛を任務とする特攻隊兵器であった。佐世保、舞鶴、古仁屋（大島）、高雄（台湾）、大浦、小豆島の基地と機動突撃隊一〇一および一〇二が置かれた。

⑤海龍

海龍は体当たり特攻をする爆装した二人乗りの小型潜航艇。二十年四月から量産がはじまった。全長十七メートル、十九トンで、水上七・五ノット、水中十ノット、航続力は五ノットで四百五十浬、水中翼を持ち水深二百メートルまで潜ることができた。はじめ四十五セン

終戦時、呉工廠造船ドックに集められた蛟龍

横須賀工廠でつくられ、第１特攻戦隊に配置された海龍

チ魚雷を二本、艦外に抱くものであったが、魚雷の生産が間にあわず、ついに艦首に六百キロ爆薬を詰めて体当たりすることになった。関東、四国、九州等に二百数十隻が配置されたが、特攻出撃することなく終わった。基地は油壺、江の浦、下田、勝山、横須賀、勝浦、野々浜、小名浜、的矢、小松島、宿毛、佐伯、唐津、桜島、油津と大湊の十六ヵ所にあった。

## ⑥伏龍

本土に上陸進攻する敵軍を撃退する水際特攻が「伏龍」である。炸薬十五キロの五式撃雷をつけた三メートルの竹棒を持ち、潜水服を着て水中に潜み、海底に数十メートルの間隔をおいて多数の隊員が敵上陸用舟艇を待ち受けて、敵の艦船が来たら、その棒を突き上げて艦底に当て爆発させる。必死の「人間機雷」部隊である。

実戦配備は、実際には八月終戦時に潜水服が千個完成していたが、肝心の五式撃雷は一個も完成していなかった。

「伏龍」部隊は横須賀（四千名）、呉（千名）、佐世保（千名）など六千名が訓練中（うち訓練ずみ千二百名）であり、模擬撃雷を使用しての訓練であった。潜水服を着けての長時間水中待機など訓練は過酷で、訓練中の事故で多くの殉職者を出してしまった。

二十年九月には六百名の伏龍特攻隊員が配属され、十月には完全に戦闘配置につく計画であったが、八月に終戦となり、これ以上の悲惨な犠牲が無かったことは不幸中の幸いであった。

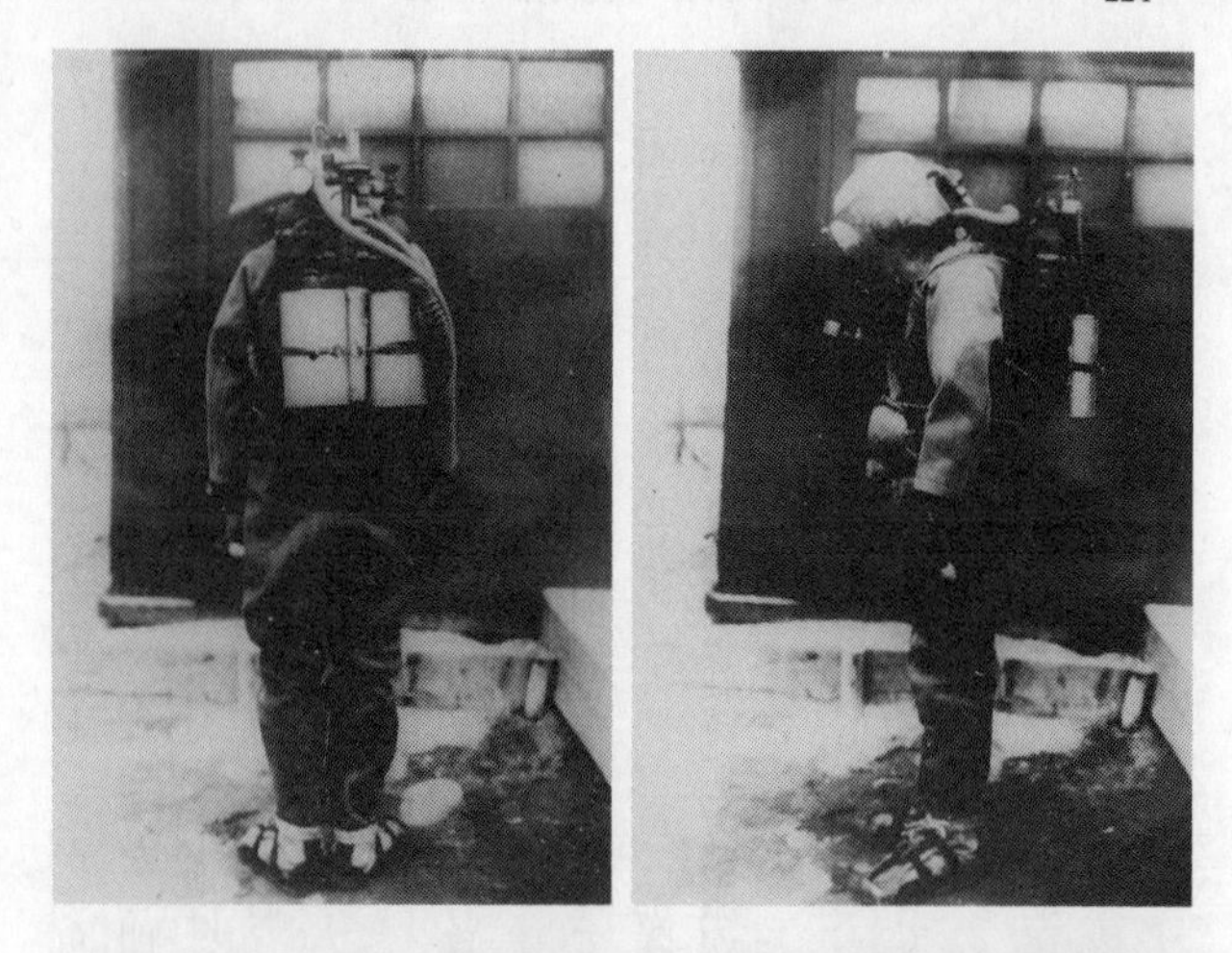

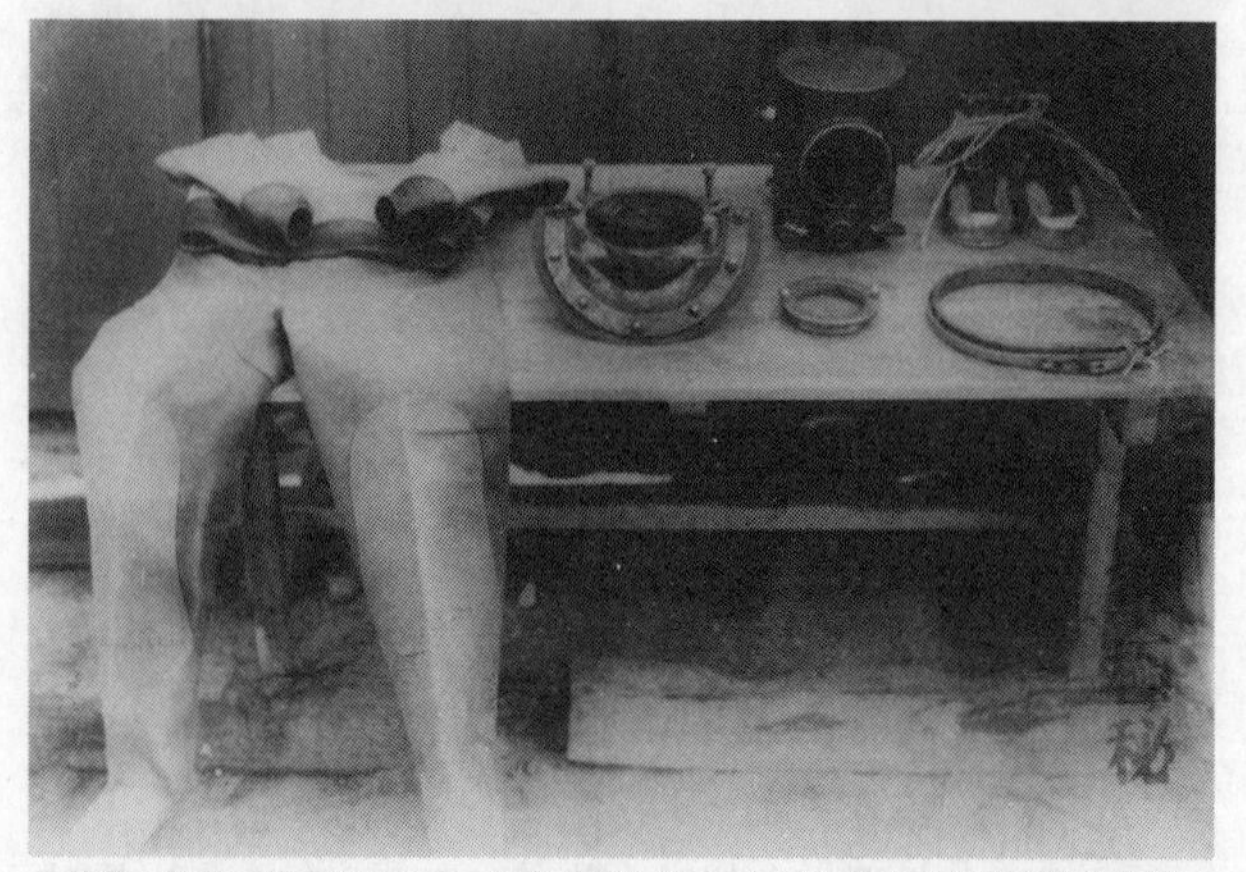

伏龍の装備。炸薬15キロをつけた竹棒を持って水中に潜み上陸用舟艇を攻撃

陸軍特殊攻撃機「剣」（キ一一五）

特攻の最後に述べなければならないものに、特攻機「剣」がある。

戦争末期の昭和二十年一月、はじめから特攻用として最小の資材、資源で作り上げたのが「剣」である。発動機は「隼」や「零戦」の使い残りの旧式エンジンが数百基あったのを見つけて利用した。一月二十日に試作命令が出され、三月五日に一号機が完成するという速製である。

構造はすべて簡略化されていた。車輪は離陸後に投下され、着陸は不能であった。二百五十キロ爆弾を胴体下面に半埋め込み式に装着した。外見は一応、飛行機としての体裁をしているが、内容はほとんど木製の簡易即製型であり、純粋な消耗兵器であった。

全長八・五五メートル、全幅八・五七二メートル、自重一・六四トン、中島ハ一一五空冷千百馬力エンジン、最高速度五百五十キロ。百五機が完成されたが、ついに実戦には用いられることなく終戦となったと言われていた。が、『最後の特攻機「剣」（山田誠著）』によれば、三月末頃、壬生飛行場から特攻に出撃したという目撃者の話があるので、あるいは何機かの特攻が行なわれた可能性がある。

城山三郎氏は言っている（『指揮官たちの特攻』）。

『昭和二十年五月に新規かつ大量に採用された特別幹部練習生とは何なのか。それは、次々と開発され生産されつつある特攻のための特殊兵器の要員確保である。十代の少年をふくむその数は一万五千を越す』という。

ふたたび予科練の特攻隊志願の話にもどる。

昭和十八年秋に応募して十九年初めに海軍予科練に入隊した杉中氏らは激しい訓練を受けていたが、やがて戦局がますます日本に不利となってきたあるとき、隊員に対して特攻隊の志望が打診されたという。

同じ予科練の同期であった同級の荻輝夫氏の回想によれば、一人一人が「特攻志望は◎、志望せずは×を書いて提出せよ」ということであったが、杉中君は◎を書いたので特攻隊員になってしまったのだといっていた。荻君自身は×を書いたという。

特別攻撃機「剣」中島キ-115。操縦性が極端に悪かった

上司の命令ではなく自らの意思によって決めたわけであったが、簡単に生死の分れ目が決定されたことは、純粋な愛国心のみを持つ一途な若者の殉国の志だけを利用されたようで、いま考えてもなにか釈然としないものがある。

当時の国民はすべて、小学校以来の学校教育で忠君愛国、滅私奉公を徹底的に叩き込まれていた。軍隊教育は最も極端な皇国観を注入したところでもあった。

開戦当初の必勝の目標は、戦況不利となって行くにつれて「一億玉砕」「全員特攻」が叫ばれるに至った。戦果は誇張され、損害は秘匿された。国民の知らないうちに日本海軍は壊滅していた。大勢挽回はもう不可能となった。起死回生の妙案は無かった。最後の手段は決死の特攻であったが。

いとも簡単に戦争にまきこまれ、死地に追いやられて行く人間の姿をもっと突き詰めて考えるべきではなかったか。

「秋水は特攻機ではない」

沖縄の戦闘がはじまり、ついに本土決戦が迫ってきた。陸海軍の上層部は、全航空機を特攻として使用する方針を決めた。艦上爆撃機「彗星」などの新鋭機を本土決戦用に温存する一方、最後には練習機や水上機まで特攻機として出撃させる事態にまで切迫してきた。

五月二十四日、鹿屋と徳島から機上作業練習機「白菊」（最高時速二百三十キロ）二十機が沖縄水域へ特攻発進した。その三日後にも二十機。首都防衛にあたる陸軍航空隊戦闘機はB29に体当たり攻撃を行なった。日本各地の大都市はB29の空襲で焼け野原となり、全国の軍飛行場も、軍需工場も相当な被害を受けた。しかし、一般の国民はここで日本が戦争に負けるとは、だれも思っていなかった。思っていても口には出せなかった。「秋水」の搭乗員は、一万メートルまで急上昇し、B29を撃墜できる計画であった。「秋水」の搭乗員は、一万メートルまで急上昇し、B29を攻撃した後は、滑空機として帰投する訓練を行なっていたのである。秋水隊員は、「秋水は特攻機ではない」と上司からも聞いていたが、秋水が完成した暁に実際どういう対応がなされたかは予測できない。もちろん、秋水の設計に当たっていた三菱秋水係としては、秋水の体当たりなど夢にも考えたことは無かった。

## 実戦部隊・三一二空の開隊

### ①秋水実戦機の生産計画

はじめは二十年三月までに百五十五機、九月までに千二百機、二十一年三月までに三千六百機という膨大なものであった。その後、この要求は、空襲の激化にともなう設備の破壊・疎開、資材の逼迫などにより、数次の変更を余儀なくされ、七月に五機が完成したていどであった。

機体に搭載するロケット・エンジンについては、二十年一月、空技廠夏島運転場にて初の全力運転に成功したが、性能向上のための設計変更があいつぎ、海軍山北実験場への移転、陸軍は松本実験場開設など余力の浪費や噴射実験の事故などもあり、完成が遅れていった。

一方、この日本最初のロケット局戦「秋水」の完成に合わせて、その運用のために、広範囲な戦闘態勢の整備が最重要課題でもあった。

戦闘隊組織としていちはやく昭和十九年八月六日には、実用部隊の長として実戦経験豊富な小野二郎大尉が横須賀航空隊に着任した。その二週間後には、大村空・元山分遣隊で戦闘機の実用機教程を終えた十六名の若手士官パイロットが「秋水」の搭乗要員として横空に赴任した。この十六名は海軍飛行専修予備学生十三期の少尉たちであった。

百里空の秋水パイロットたち

松本豊次（秋田鉱専）、成田真一（早大）、伊東弘一（名高工)、堀谷清衛(東京農大)、成沢義郎(慶大)、梶山政雄(日大)、鈴木晴利(室蘭高工)、原田精三(早大)、三屋嘉夫(広島高師)、小菅藤二郎(大阪専門)、高田幸雄(日大中退)、松本俊三郎(大阪専門)、岡野勝敏(愛媛師範)、北村禮(東京高師)、秋葉信弥(慶大)、三角秀敏(山梨高工)の各少尉(のちに中尉に進級)である。

## ②「秋水搭乗員」の養成計画

秋水の実機が多数完成すれば、ただちにB29の攻撃をしなければならない。それまでに多くの熟練した搭乗員を養成しておかねばならない。

この少尉たちに対し、ロケット局戦として一万メートルの高空への急上昇と、その後の滑空による急降下にともなう気圧と気温の急変が身体のおよぼす影響を、極限状態を想定しての調査と訓練(地上)が行なわれた。同時にロケット機としての機体とエンジンの構造等の講義をしたあと、「秋水」の実戦を想定した飛行訓練が開始された。

しかし、横空は狭いので訓練が十分できないので、茨城県百里原基地へ移動した。十月中旬に犬塚豊彦大尉が百里原に着任した。

昭和二十年二月五日付で第三一二海軍航空隊(三一二空(さんひとふた))が開隊し、柴田武雄大佐が司令に着任した。百里原派遣隊は三一二空になった。飛行長山下政雄少佐、飛行隊長山形頼夫少佐、整備長隈元勝彦少佐、整備科分隊長は広瀬行二大尉である。

また、二〇三空の厚木基地より十六名の士官たちと同期の十三期の戦闘機乗りの小池文二

（慶応）、小笠富雄（関西高工）、齋藤修介（大阪歯専）らの少尉たち十四名も着任した。百里原基地に集結した搭乗員四十七名のほとんどが十三期飛行科予備学生出の戦闘機乗りであった。

「秋水」はロケット・エンジンを噴射すること三分程度で一万メートルまで急上昇して、敵機を迎撃し、離脱後は滑空で基地へもどることになっている。

秋水の戦闘訓練は、ロケット機としての戦術・操縦・射撃と滑空・着地の訓練が必要であった。滑空訓練ははじめ九三式中間練習機のエンジンを上空で停止し、所定の場所に降下着陸する訓練が行なわれていたが、のちにソアラー型の滑空機を九三中練で曳航し、より高度な滑空飛行を練習していった。

柴田武雄大佐

空技廠は、訓練用として「秋水」実機とまったく同形の軽滑空機（のちに「秋草」と称した）を設計した。全木製羽布張りの軽滑空機「秋草」による最初の試験飛行は、十二月二十六日、最初から苦労をともにした小野少佐（進級）が入院中だったので、代わって犬塚大尉搭乗で行なわれた。

艦攻「天山」に曳航された「秋草」は、車輪による滑走後に離陸、車輪を投下して上昇、高度千メートルで切り離された。滑空、旋回、着地（滑空速度

九三式中間練習機。「赤トンボ」と愛称された海軍の代表的練習機

百十キロ／時）と大成功であった。さらに昭和二十年一月八日、三菱名航製「重滑空機」（重量千三十七キロ）による試験飛行が同じく犬塚大尉により行なわれ、曳航機天山から、高度千五百メートルで離脱、滑空速度は三百キロ／時と速い。みごとな操縦は特殊飛行も問題なくこなし成功した。機体の安定性、舵の効き具合などは良好であった。

はじめての無尾翼機の試験飛行が順調に完了し、楢原技師らの三菱関係者もほっと安堵したのであった。

このロケット機「秋水」の搭乗要員として元山航空隊から横須賀航空隊に移り、そこから百里原派遣隊となった海軍飛行専修予備学生十三期十六名の秋水隊員の中の一人、高田幸雄氏は当時の秋水部隊の動静について、著書『神風になりそこなった男達』を平成四年に発表している。

重滑空機による飛行訓練は犬塚大尉の一回が行なわれたのみで、秋水搭乗員訓練は軽滑空

秋水パイロットの訓練用につくられた軽滑空機「秋草」

機で十分とされ、重滑空機は二機製作されただけであった。のちの七月七日の「秋水」一号機の初試験飛行の経過をもふくめて考察すると、実機にくらべて重滑空機、さらに軽滑空機の翼面荷重は相当に相違があり、滑空時の沈下速度にもいちじるしい差があったとすべきであり、軽滑空機のみで習熟したパイロットが実際に「秋水」で降下、着地した場合に事故が多発するおそれがあったと思われる。

秋水搭乗のための部隊は、八ヶ岳山麓で訓練した三重海軍航空隊野辺山派遣隊が有名である。また、このほかに昭和二十年六月、土浦航空隊において小富士空、鹿児島空、三重空、松山空などから甲飛十四期を中心に約八百名の隊員を集め、秋水搭乗員養成のための「秋田分遣隊」（現秋田県合川町）が編成された。

艦上攻撃機「天山」。秋草を曳航した

さらに海軍では、三一二空の充実をはかりつつ、ほかにも、「秋水部隊」として三六二空（大村空・諫早空）、三三二空（三岡崎空、名古屋空）の編成を計画していたという。

長野県南牧村にあった野辺山派遣隊元分隊長菅沼恒雄氏と元隊員十名が平成十四年二月、

三菱・小牧南工場史料室の復元「秋水」を見学に訪れた。隊員は当時十七、十八歳。グライダーで訓練した。元隊員の一人は秋水をじっと見つめて、「当時は乗りたいという思いが強かった。でも、乗っていたら命はなかった」とつぶやいた。

同年五月にも、「秋水」に搭乗するための訓練をうけていた甲飛十三期・伊吹部隊のメンバーも復元された「秋水」を見学した。

## 海軍における戦闘機搭乗員の養成

太平洋戦争開戦後、従来の主流であった大艦巨砲主義の誤謬に気づき航空機優先主義になったが、航空機生産はともかく優秀なパイロットは即席でできるものではない。緒戦から昭和十七〜十八年にかけて多くの海空戦によって、日本海軍機動部隊は壊滅的打撃を受け、航空機も航空母艦も弱体化したが、もっとも大きな問題は経験豊富な熟練搭乗員がほとんどいなくなったことである。

それに対応すべく、昭和十八年から急に大勢の搭乗員養成・空戦力の充実に全力をあげた。それは以下に述べるように海兵、予備学生、予科練習生を中心とした増強計画となった。そして悲しむべきは、そのうちの多くの若い人が、特攻要員とされたことである。

### ①海兵からの戦闘機搭乗員

昭和初期、海軍の戦闘機搭乗員は、海軍兵学校を出た初級兵科将校の中から飛行学生を命ぜられたものが、霞ヶ浦航空隊で基礎訓練を受けたあと、横須賀航空隊か大村航空隊で艦上戦闘機の実用機基本操縦の訓練をした。

その後、昭和五年暮れ、横空は高等航空術（高等科学生コース）の教育隊になり、初歩訓練は大村空か昭和五年六月新設の館山海軍航空隊に変更された。

しかし、日中戦争がはじまると航空部隊の人員が不足で教育の余裕がなく、高等科学生は昭和十四年の八期までのわずか九十三名で打ち切られた。

この後の戦局がとくに航空兵力を必要としていった時期に、飛行将校の教育が薄弱になったことは戦争の勝敗に大きな影響をおよぼしたはずであるが、このときこれを力説する者はいなかったのであろうか。

ところが、日中戦争の初期、昭和十二年八月、九六式陸攻が渡洋爆撃（単独出撃し、三十六機中十二機喪失）をしてから、護衛戦闘機の重要性を痛感することとなり、昭和十六年五月入隊の飛行学生は百二十五名採用（うち戦闘機専修二十八名）、以後、飛行学生は増えていった。

だが、戦局悪化により悠長な兵科将校の士官教育はしておれず、十八年秋卒の七十二期以降は、海兵を出ると従来の艦隊勤務などの士官教育を行なうこと無く、すぐに霞ヶ浦航空隊へ入隊させた。つぎの七十三期は繰り上げて十九年三月に卒業し、九百名のうち約四百九十名、半分以上が飛行学生（うち戦闘機へ二百名）になった。彼らは霞空で六ヵ月の練習機教程をへて少尉に任官し、各機種に分かれて実用機教育にうつった。

## ②予備学生

海軍航空予備学生の制度は昭和九年からあった。海軍予備学生は大学、高専卒から志願者を募り、海軍で一年教育して予備少尉に任官させる制度で、海上、航空、陸上の各方面に配置し、正規の海兵出身将校の不足を補うものであった。予備学生出身者から戦闘機搭乗者になったのは昭和十三年任官の第四期学生三人、その後、第九期になって九名の戦闘機乗りが生まれた。十八年八月十一期からかなり増えたが、大分空と徳島空で合計三十八名が訓練をはじめた程度にすぎなかった。

昭和十八年九月三十日、かつてない五千二百名もの人員が、海軍入りをした。「第十三期海軍飛行専修予備学生」と呼ばれた。このなかから戦闘機専修に選ばれたのは、千四十八名という爆発的人数であった（『海軍戦闘機隊史』零戦搭乗員会）。

このため、土浦空と三重空とにわけて基礎教育（二ヵ月）が行なわれた。そして、この大人数の教育・訓練は大分、大村、神の池、台南、台中などの航空隊に分散して行なわれた。中練教程四ヵ月、実用機教程四ヵ月、つづいて十九年一月、第十四期飛行予備学生（三千三百二十三名）は土浦空へ、第一期海軍飛行専修予備生徒（大学・高専在学中の者から採用）二千二百八名は三重空へ入隊して基礎訓練を受けた。十九年八月、二期生徒五百七十四名は翌年四月まで基礎訓練で、飛行機がなく中練教程に入ることなく終戦を迎えた。

昭和十八年九月三十日に入隊した第十三期の前期学生は慌しく、わずか十ヵ月の訓練を終了した学徒出身航空士官として十九年七月二十六日に激闘つづく第一線へ投入され、多くの若い命を大空に散らしたのである。十三期だけで千六百十六名もの戦没者をだし、その三分の一ちかくの四百四十八名が、零戦はじめ各種飛行機を駆ってする特攻戦死であったことは、他に例を見ない衝撃的事実であった。

前項に述べた秋水部隊の十六名の士官パイロット他も十三期飛行専修予備学生であった。

### ③海軍飛行予科練習生

海軍での下士官兵パイロットの養成は、大正五年からはじまり翌六年に制度化された。昭和五年より「操縦練習生」(「操練」)の名が定着した。昭和十年ころまでは毎期数十名が採用されていた。採用源は兵種全般からであった。操縦教育は初練から、中練、戦闘機教程へと士官パイロットコースと同様である。

昭和五年に「航空兵」の兵種が新設され、同時に、戦後までその名が残る「予科練」、正式には「海軍予科練習生」が創設された。

予科練のシステムは「操練」のように部内募集ではなく、まったく部外の十五歳以上、十七歳(のちに十八歳)未満の高等小学校卒業程度の少年を募集対象とした。昭和五年六月第一期七十九名(うち戦闘機専修十名)であった。

さらに、新しい予科練制度として、中学四年一学期終了程度の少年を対象にした「海軍甲種飛行予科練習生」が開設された。その目的は従来の予科練よりも、「すみやかに搭乗員幹部となることができる制度」であった。それまでの飛行予科練習生は、「乙種飛行予科練習生」と呼ぶことになった。

昭和十二年九月、甲種第一期二百五十名が採用され、うち三十名が戦闘機乗りを選んだ。その後、昭和十五年の六期までは平均二百五十八名という少数精鋭主義であった。太平洋戦争開戦の華々しい戦果のあと、ミッドウェー戦から以後、航空機と搭乗員の消耗ははなはだしく、昭和十八年以降は大量の予科練生募集に踏み込んで行くことになる。

④飛行機のない航空隊

かくて昭和十八年以降は、きわめて多数の若者が「予科練」に志願し、零戦に乗ることを夢見たのである。筆者の同級生も多数入隊している。各地の練習航空隊で訓練に明け暮れしたが、昭和二十年になるともはや乗るべき飛行機は数少なく、戦闘機に乗る夢は遠ざかっていった。

やむなく簡易ともいえる特攻専用機までつくられるようにならざるを得なかった。空中でなく水上特攻（たとえば「震洋」）、水中特攻（たとえば「回天」）の出撃、ついには人間爆雷ともいえる潜水服を着て水中に潜み、本土上陸の敵艦艇を攻撃する特攻「伏龍」（実戦せず終戦となる）は、追いつめられた戦局とはいえ、空中戦の夢破れ水中に潜む訓練にはげんだ若鷲の心中を思うと悲痛のきわみであり、言うべき言葉もない。

「予備学生」と「甲種予科練」の期別入隊者数を見ると、昭和十九年以降の甲種予科練十四期から二十年の十六期までの合計は十万三千名、同時期の乙飛予科練生七万二千名を併せるとじつに十七万余名の少年を採用している。このほかに陸軍の人員が同じように召集されているであろう。

本土決戦のための航空機は、各種取り混ぜて約一万機が温存してあったという。しかし、いまこの二十万を越える飛行機に乗るために志願した若者たちの乗る飛行機は、いつ整備されるのであろうか。

⑤海軍特別幹部練習生

昭和二十年五月、新規かつ大量に採用されたものに十七歳前後の特別幹部練習生があった。じつにその数一万五千五百四十名である。本土決戦のための要員確保という目的だが、それ以上に、現実は、新しく登場してくる特攻兵器、水中・水上の特攻要員が大量に必要となってきた。

「回天」「震洋」などはすでに多くの予備学生、予科練生が、特攻出撃していた。「蛟龍」「海龍」も量産されつつあった。さらに大量の特攻隊員が必要となったのは「伏龍」であった。

予科練など二十万人にもおよぶ飛行機乗りを目指し志願した若者は、戦局利あらず、水中・水上の特殊兵器による特攻に挺身せざるをえなかった。特攻隊員以外は敵上陸にそなえ、上陸予想地点の防御陣地の構築に追われ、武器をもって海軍陸戦隊員となった。

軍艦のない海軍、飛行機のない航空隊、そして大量の若者を集めて、結局、敵進攻を水際で反撃する作戦にあたらせることになった。訓練に継ぐ訓練で犠牲者も少なくなかったが、さいわいにも八月十五日、伏龍は実戦に使用されることなく戦いは終了した。

## 陸軍における操縦者の大量養成

陸軍では、昭和十八年七月に「陸軍航空関係予備役兵科将校補充服務臨時特例」が発令され、「陸軍特別操縦見習士官（特操）」制度ができた。前述の海軍の予備学生とほぼ似た制度である。八月、陸軍航空本部は操縦員の大量養成に乗りだした。その目標は、十八年度内に五千名、さらに十九年度内に二万名を養成することであった。

当時の陸軍の操縦者数は約七千名くらいであり、その中から教官、助教を抽出し、搭乗員教育に回すのは大変困難であったが、従来の士官候補生、少年飛行兵などの教育は長時間を要し、緊急非常時に即応できない。そこで大学、専門学校生を採用して、短期間に戦力化しようと「特操」が生まれた。

昭和十八年十月に一期生千二百名、十二月二期生千八百名、二十年三月から三期、四期と入隊し、その総数約八千名で終戦を迎えた。一期生らは、熊谷、宇都宮、太刀洗、仙台、白城子（満州）の陸軍飛行学校に入校した。

終戦時に日本飛行機・山形工場で完成していた秋水。日飛製の第1号機

戦後、秋水は米軍により調査、研究された

その航空戦における活躍はめざましく、昭和十九年後半以降、陸軍航空戦力の三分の一は「特操」であり、特攻隊員は少年飛行兵に次いで多い四百名を数え、戦死者、殉職者を加えて、じつに七百名であり、特操一期生の三分の二の戦没者である。

陸軍では昭和十二年十月、陸軍士官学校に分校を設置し、航空兵科士官候補生を養成する制度を定めた。のちに「陸軍航空士官学校」になった。

筆者自身、昭和二十年二月、三菱重工名研秋水係のときに、持田課長の承認を得て、陸軍予科士官学校に入校すべく受験をし、一次試験に合格した。二次試験も受けたが、幸か不幸かその合格通知は来なかった。予科士が二年、航空士官学校が二年四ヵ月の予定であったが、戦局の悪化でもっと短縮されたと思うが、終戦となってしまい、たんなる思い出にすぎないものに終わった。

# 第四章　「ロケット歴史」の一断面

## 二液の「薬液ロケット」

ここでは「秋水」のロケット・エンジンに関連するような、二液の薬液ロケットを中心に的を絞って記述する。

一九三三年、ウィーン工科大学のE・ゼンゲル（Eugen Sänger）が有名な著書『ロケット航空工学 Raketenflugtechnik』を出版した。以来、ロケットの研究は大いに進んだ。

E・ゼンゲルは当時、その著書でつぎのように述べている。

「宇宙空間飛行の予備的段階としてのロケット飛行方式の実際問題は、まだそれ以前にもっと実際的諸問題に役立たねばならない」として、「①大陸間高速運輸を行なうこと。②天体物理学領域の科学的研究を行なうこと。③必要な場合、異常な性能を有する戦争手段を提供することと」を挙げた。ただし、著書では①項のみを対象としていた。二〇〇五年の現在は、科学的長距離弾道ミサイルから、観測衛星、宇宙ステーション、天体探査機の打ち上げ等、科学的文化的研究から軍事的目的まで広範囲にわたりロケット技術の開発が行なわれるようになった。

これより前の一九二六年には、アメリカのロバート・H・ゴダードは人類初の液体燃料ロケット（液体酸素とガソリン）打ち上げに成功している。

彼は、いかにしてロケット・エンジンに長く安定した燃焼をつづけさせるか、推力をいかに増大させるか、燃料・酸化剤の組み合わせ、その混合比の設定と燃焼室への給送方法、エンジン各部の構造・材質などに取り組んだ。一九三九年から四一年にかけて、ターボポンプの開発に努力した。

筆者ら三菱の「秋水」の「ロケット・エンジンKR10」も、同様の道筋をたどったといえる。

ゴダードのロケット・エンジンを見ると、なんとなく「秋水」のエンジンの原型を思わせるようである。

ロケット燃料（薬液）としては、液体水素、アルコール、ケロシン（灯油）、ヒドラジンなどがある。酸化剤としては、液体酸素、硝酸、酸化窒素などがある。

この中で性能最高のものは、液体水素と液体酸素の組み合わせである。液体水素ロケットまたは液酸液水ロケットといわれる。

## 大陸間弾道弾V2

第二次世界大戦中、一九四四年秋、ドイツがイギリス本土へ打ち込んだ中距離大陸間弾道弾V2は、ウェルナー・フォン・ブラウン（Werner von Braun）を中心にした組織的研究の成果であった。ブラウンが一九三三年、A‐1型からはじめた液体ロケットの開発は、一九四二年、A‐4型がペーネミュンデで打ち上げに初成功した。これが、のちに「V2」として四千三百二十発が発射され、イギリス本土へ千五十発が落下した。史上はじめて実戦で使用された弾道ミサイルであった。

V2は機体の中央部に液体酸素（五千五百キロ）およびアルコール（三千七百五十キロ）のタンクを持ち、過酸化水素と過マンガン酸カルシウムの混合によりできる加熱蒸気でタービンを駆動し、これによってポンプを回転し、燃料と酸化剤を燃焼室に送り込む。外部からの電気点火で燃焼室に着火し、燃料を供給しつづけると激しく燃焼し、後部のノズルから高温高速の燃焼ガスが噴出して機体を推進する推力となる。

全長十四メートル、直径一・七メートル、全備重量十三トン、推力二十六トン、到達高度八万七千メートル以上、射程三百キロであり、重さ一トンの弾頭を装備していた。

主にロンドンを狙ったが、それによる犠牲者は約五千人であったという。一九四五年の東京大空襲では、一晩に十万人を超える犠牲者がでているのにくらべたら多くはない。

ドイツ北部のバルチック海に面した寒村ペーネミュンデにMe163の試験飛行場がある。このMeロケット機のすぐ隣で、ブラウンの大陸間弾道弾V2の試験場があった。日本の追浜飛行場夏島の秋水ロケット・エンジン噴射試験場で、特攻兵器「桜花」の噴射試験を行なっていたこととよく似たところがある。

ドイツにおけるMe163ロケット機の出現

①「ワルター109-509型ロケット・エンジン」

また一方では、ドイツ・キールのWalter Worksが、Walter 109-509型ロケット・エンジンを完成し、Me163に搭載されるようになった。この燃料は、酸化剤として八十パーセントの過酸化水素水溶液と、五十七パーセントのメチルアルコール+十三パーセントの水+三十パーセントのヒドラジンのバイプロペラントであった。これが、「秋水」のロケット・エンジンの原型である。

②無尾翼機と二液ロケット

一九三六年、キールのワルター社がHWK・R1（ヘルムート・ワルター・キール・ロケット一型・推力四百キロ）の開発をはじめた。これは、T液（八十パーセント過酸化水素水溶液に安定剤を加える）とZ液（過マンガン酸カルシウム水溶液）を使うもので、いわゆる熱形ロケットモータである。これはその後、推力七百五十キロの改良型HWK・R2・203Bとなった。

一九三八年、アレクサンダー・リピッシュ博士が自己の設計した無尾翼機に新しいワルターロケットモータを搭載し、ロケット機のテストをしたいと空軍に申請したのがきっかけとなり、DFS194型を製作して一九三九年十二月に初飛行を行ない、推力の小さいわりには最高時速五百キロ、ならびに素晴らしい上昇力を見せつけたので、ドイツ空軍はメッサーシュミット社にMe163A（V1〜3）を試作発注することとなった。

**③ロケット機による世界最高速度**

一九四一年十月、Me163A（V4）は、ハイニ・ディトマーにより高度三千九百六十五メートルにて最高時速千三キロを出した。しかし、飛行中のエンジンの停止・始動ができない、推力調整が不安定であることなどの多くの改善すべき問題があった。

ドイツ空軍は実用化を認定し、大幅な設計変更を加えた実験機七十機を発注した。

一九四二年四月、シュペーテの実験航空隊が創設されたが、機体、原動機は試験と改修の繰り返しで開発が遅れた。十二月になっても重心の問題が解決されず、実戦用機体が間に合わない状態であった。

推進剤にT液とC液を使うものとなったHWK・R2・211型の開発は大幅に遅れた。

また、百二十馬力の蒸気タービンが加えられ、燃料を噴射する前に燃焼室外側を循環させ冷却させるようにした。しかし、このR2・211型は爆発事故を起こすなど信頼が乏しい状態であった。

ロケットモータは、HWK・R2・203からHWK109・509Aへ変更し、推力は七百五十キロから千七百キロへと進歩した。

一九四三年六月、予定より一年遅れて、Me163Bが先行量産型として初のパワー発進を行なった。

## ④実戦部隊の誕生と消滅

一九四四年一月、最初の装備部隊（第四百戦闘航空団第一飛行隊）が編成され、Me163B・1a生産型が、五月に一機、六月に三機、七月に十二機、配置された。

このころ飛行試験の二回に一回以上の割合でなんらかの事故が発生した。とくに飛行の最も危険な時点である飛行場の境界を越える離陸直後で、燃料タンクに四分の三が満たされていて、時速四百キロのとき、原因もなくロケットモータの火が消えるという事故は深刻な問題であった。

フレームアウトのほか、着陸フラップの故障、投下式車輪の不具合等のトラブルも頻発し、その原因は多岐にわたっていた。最初の戦闘訓練で高度一万メートルへ四十五度で上昇、水平飛行になるやいなやロケットモータが切れてしまった。再始動まで二、三分かかった。飛行姿勢の変化によって燃料の位置が変化し、パイプ内に空気の流れができてT液とC液の比

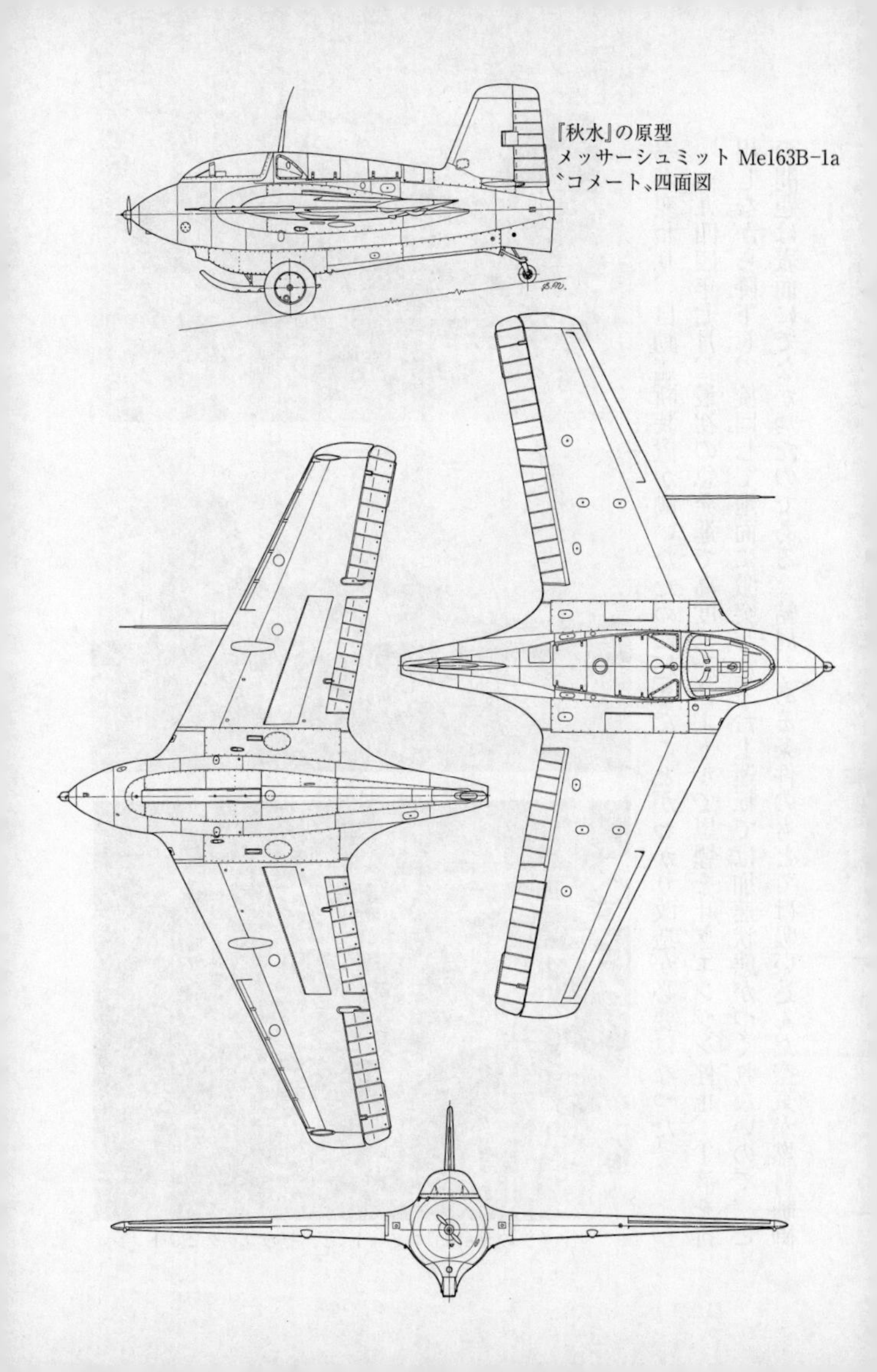

『秋水』の原型
メッサーシュミット Me163B-1a
〝コメート〟四面図

率が変わり、自動遮断装置が働いたために起きたことがわかり改造が必要になった。

一九四四年七月、最初の急発進で高度三千メートルで黒煙を吐きエンジン停止、T液を排出しながら降下し、旋回して地面に激突した。台上運転では加速状態がつくれないので、この問題は表面にでなかったのである。結局、ある条件のもとでは吸い込んだ空気が燃料制御

ドイツのMe163〝コメート〟と、そのコックピット

装置を塞いで燃料出口に空気の渦をつくることが発見された。やがて、この問題は出口のまわりに直角に遮板をつけることで解決した。ここまでの過程でMe163実験部隊には多くの犠牲者が出たのであった。

一九四四年八月五日、マグデブルグ上空でMe163B三機は、実戦ではじめてP51Dを三機撃墜の戦果をあげ、また八月二十四日には空の要塞B17を三機撃墜し、驚異的な上昇力と高速の威力を示した。十一月には、第四百戦闘航空団第二飛行隊が編成された。

## ⑤ドイツにおける開発計画と頓挫

次いでMe163C型の試作三機をつくり、すぐにMe163D型に変わった。一九四四年五月、Me163D（Me263）の原型機が完成した。Me263は生産をユンカース社へ移して「Ju248」と改称したが、制式名は「Me263」で最優先大量生産機に指定された。

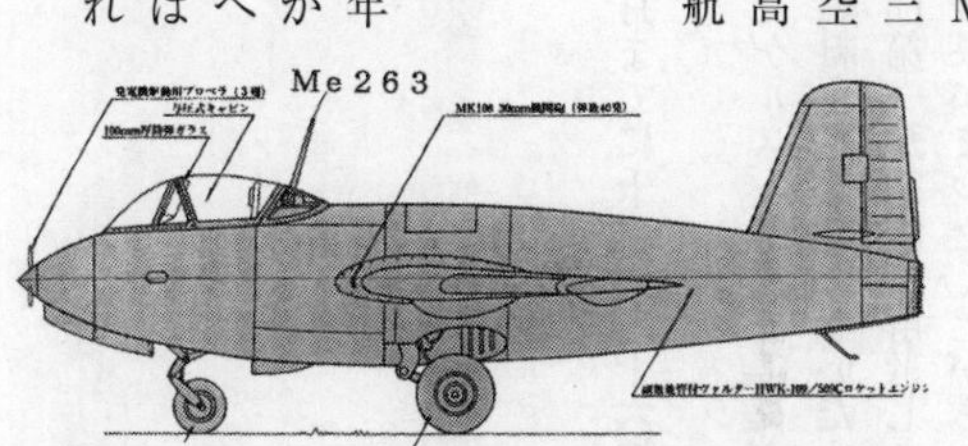


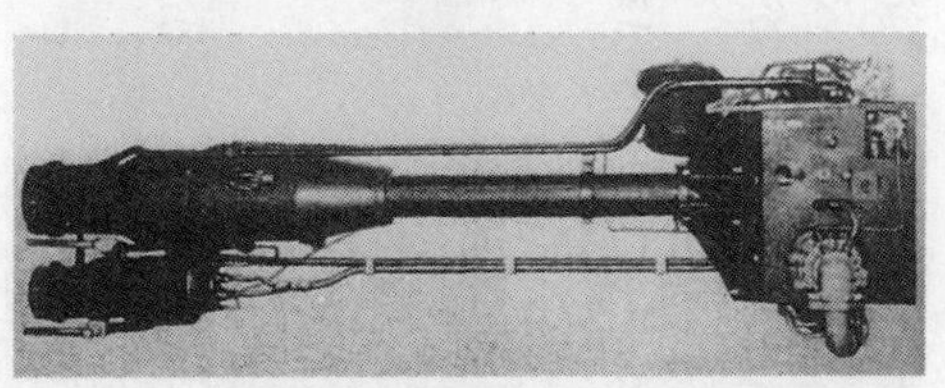

巡航用の副燃焼室を追加したHWK109・509Cロケット・エンジン

［Me263の主要目］

全長：七千八百八十ミリ
（Me163より二千ミリ延長）
全高：三千百七十ミリ
全幅：九千五百ミリ
三脚油圧引込式に改良
副燃焼室付きロケット・エンジン
ワルター HWK109・509C装備

Me163の生産計画は、一九四四年十二月までに千八百二十六機であったが、十二月に突然、生産打ち切りとなった。

その理由は、C液の唯一の生産工場であったゲルストホーフェンが爆撃で壊滅したので、現存するMe163を全機発進させるだけの燃料を調達できないためといわれている。

一九四五年四月になって、第四百戦闘航空団第一飛行隊は解散した。理由は、燃料の爆発、離着陸時の事故などの損害ばかり大きくて、戦果がまったく上がらなくなったためである。

戦果が上がらない理由は、行動半径が五十キロメートル程度に限定され、これを知った相手側がMe163の飛行場を避けて近寄らないようになったからであった。

また、整備された滑走路や、ロケット薬液の保管基地が多くできないなど、Me163の兵器としての存在価値が薄れ、消滅への道をたどったのである。

ドイツが開発生産に国を挙げて膨大な経費をかけ数年かかって完成したものの、効果の少ない結果となったのは、最初から余りにも利点にのみ目を奪われてしまい、予想し得る欠点に気がつかずに進行したからである。

気がついた時点では、もう敗戦が目前となってしまっていた。

一方、日本では一九四五年当初から全力を挙げて「秋水」の完成に邁進したが、完成と同時に敗戦となり、むなしい努力に帰した。

しかし、その技術が、宇宙開発の先駆者として今日に受け継がれていると考えれば、これまでのロケット機開発での日独両国の多くの殉職者へのささやかなはなむけと言えるかもしれない。

日本の大型ロケット開発

①経過概要

一九五七年十月四日、ソ連は世界初の人工衛星を打ち上げた。アポロ11号の月面着陸は一九六九年七月であった。以来、米ソの宇宙ロケット開発競争は現在までつづいている。

ここで話題を飛躍させて、日本のロケット開発を少し覗(のぞ)いてみたい。

日本は歴史的には戦争中から、酸素魚雷や、ロケット・エンジンを持つ局戦「秋水」を開発し、液体酸素、過酸化水素、液体水素、ヒドラジン等を組み合わせた、推力一・五トン程度ではあったが、薬液ロケットの技術はあった（当時の三菱長崎兵器製作所〈第一章参照〉）けれども戦後の空白期で途切れていた。

一九五五年、東大の糸川教授らは、長さ三十センチのペンシルロケットをはじめて発射した。高度三百六十メートル、飛行時間十七秒。つづいて全長一・三メートルのベビーロケットから全長二・三メートルのカッパロケットK1型単段ロケット（直径百二十八ミリ、全長二・四一メートル）を経て、K1型に直径二百二十ミリの第一段をつけたK3型二段ロケットは、一九五七年七月、高度十八キロに達し、日本最初の二段式ロケットとなった。

ここで注目したいのは、これらのロケットの推進剤は、すべて液体ではなく固体ロケット推進剤であった。

知多半島武豊の日本油脂は戦時中、日本軍のロケット兵器「噴進弾」の推進剤を製造していた。直径百十ミリの固体推進剤は、特攻兵器「桜花」にも使用されたものであった。日本油脂は、その製造設備を温存していた。推進剤はニトログリセリンとニトロセルロースを混合して押し出し成形した固体ロケット推進剤である。これはダブルベース型というもので、燃焼速度が速く一気に大きな推力を出す火薬に近いものといえる。

これら一連の固体ロケットの開発系列が、宇宙科学研究所ＩＳＡＳ（宇宙や惑星の研究が中心）として発展した。そしてもう一つは、宇宙開発事業団ＮＡＳＤＡ（大型ロケットや人工衛星、宇宙ステーションの開発が中心）であり、日本国内のロケット打ち上げ機関が二つ存在していたのである。宇宙開発事業団は最初から液体ロケット・エンジンを主眼にして開発してきた（註：二〇〇三年十月一日、宇宙科学研究所、宇宙開発事業団および航空宇宙技術研究所〈NAL〉の三機関は「宇宙航空研究開発機構」として統合された）。

かくてさまざまの試行経験を経て、日本の航空宇宙産業は、ロケット兵器ではなく、人工衛星や宇宙探査機の打ち上げロケット開発に専念してきた。一九七〇年二月十一日、L4S五号機によって、日本最初の人工衛星「おおすみ」の打ち上げに成功、日本は世界で四番目の衛星打ち上げ国となった。

## ②「H1」から「H2」ロケットへ

以後、Nロケットを経て一九八六年、H1ロケット打ち上げへと進み、ようやくわが国のロケットは世界水準に達した。

H1ロケットの一段目は液体酸素とケロシンを使うMB3系エンジンで、固体補助ロケットを装備する。二段目は液体水素エンジンとしては、わが国で最初のLE・5であり、第三段はポリブタジエン系固体推進薬、五百五十キロの静止衛星打ち上げ能力があった。

さらに一九九四年二月には、二トンの打ち上げ能力を持つH2ロケット一号機打ち上げに成功、H2系は以後、連続五回（二号機、三号機、四号機、六号機〈一九九七年一月まで〉）の打ち上げに成功した。

H2ロケットは、全長五十メートル、重量二百六十トン、一段目にLE・7型、二段目はLE・5A型、ともに水素エンジンであり、H1とはまったく別の新しいロケットである。第一段ロケット・エンジンに液体酸素／液体水素を使っているのは、スペースシャトルとH2およびアリアン5である。液酸液水の技術は非常に難しいが、効率は最高のものである。

しかしながら、六回目の一九九八年二月、つぎの五号機は第二段エンジンが途中で停止したため、衛星の静止軌道投入は失敗した。また悪いことに、七回目の一九九九年十一月二十五日に打ち上げたH2八号機は、第一段LE・7型エンジンが早期に停止して、太平洋上に落下してしまった。この詳細については次項に述べる。

### ③「H2」ロケットのターボポンプと「秋水」の遠心ポンプ

一九九九年十一月に打ち上げに失敗したH2ロケット八号機は、そのエンジンLE・7型のほとんどの部分が、翌年一月に小笠原諸島父島北西三百八十キロ、深度二千九百十七メートルの海底から回収された。打ち上げ失敗の原因が第一段ロケットのLE・7型エンジンにあることはすでに推定されていた。回収したエンジンを調査した結果、この事故原因は、「液体水素ターボポンプ入口部の大きな破損」すなわち、「液体水素燃料を送り出すロケット一段目のターボポンプの羽根車が破損したことが事故の引き金になった」と推定された。

H2ロケット・エンジンのターボポンプは、エンジンとタンクの中間にあり、液体酸素と液体水素の系統にそれぞれ一つずつある。インペラと称する羽根車を燃焼ガスのエネルギーで駆動し、燃料を燃焼室に圧送する。液体水素の場合は、タービン側は約八百二十Kであり、ポンプ側は約二十Kの超低温の液体水素を吸い込む一方で、高温高圧の水素ガスを燃焼室に送り込む過酷な使用状態に曝されるものである。

H2のターボポンプの入口にはインデューサーと称する直径十センチほどの羽根車（三枚の羽根は面積を大きくするためスクリュー状になっている）があり、回転数毎分四万回で、タンクから液体水素を吸い込み、それをインペラによって燃焼室に送り込んでいる。

調査の結果、①インデューサー羽根の欠損、②ポンプ筐（入口）の破断・亀裂、③インデューサー羽根の一枚に小さい破損と疲労破壊による大きな破面があった。さらに絞り込んで行くと、疲労破壊の元凶は「キャビテーション」による異常な振動であることが判明した。H2ロケット五号機までが成功したのに、同じ八号機がターボポンプ事故を生じたのはなぜか。その原因として、インデューサーの形状寸法の違い（ばらつき）や、表面仕上げ精度の部分的欠陥（微少な傷）などがあり、そのために従来以上の激しいキャビテーションが起こり、インデューサー翼が共振し（その他の複合的原因とともに）、疲労破壊するに到ったと推定された。

それにしても海底三千メートルから、墜落したロケット・エンジンを奇跡的ともいえる回収をおこない打ち上げ失敗の原因を解明されたことは、まことに驚嘆すべきことである。

約六十年の昔になってしまったが、一九四四年に姿を見せた十九試局戦「秋水」は、H2とは比較にならないほど規模が違うけれども、ともに二液ロケットであり、その心臓部であるターボポンプの構造・機能は基本的には同じである。

「秋水」のロケット・エンジンのターボポンプとH2ロケット第一段エンジンのターボポンプを比較してみよう。H2の第一段はLE7型である（つぎのH2Aでは、LE7A型）。LE7型の液体水素ターボポンプの回転数は毎分四万回転以上、約二百七十気圧に昇圧した液体水素を毎秒五百リットル吐出する。ポンプのタービン側は、八百二十K、ポンプ側は二十K（マイナス二百五十三℃）の極低温である。ターボポンプ入口のインデューサーの直径は、約百ミリであった。

六十年前とはいえ、秋水のターボポンプは、毎分一万五千回転、T液の場合、八十パーセント過酸化水素を毎秒四・六リットル、三十一気圧の吐出圧であった。このきわめて能力の相違する二つのターボポンプであるが、その構造は、またきわめてよく似ているのである。

④「H2A」ロケットの開発

H2ロケットの後、種々の改良を加え開発を進めて、二〇〇一年八月以降、二〇〇三年まで、H2A一号機から五号機まで打ち上げが行なわれている。二〇〇三年十一月、H2A六号機の打ち上げは失敗に終わり、二〇〇五年二月には七号機が打ち上げられる。H2のコストは約百九十億円といわれるが、H2Aは約八十五億円に削減される予定であった。ロケット打ち上げ成功にいたる関係者の長期間の奮闘努力は、すべての面においてきわめて大変なものであると思う。

二〇〇一年に日本の宇宙ロケットとして誕生したのは、直径四メートルの機体に液体水素エンジンを主力とするH2Aロケットである。第一段、第二段ともに液体水素エンジン、固体ロケットブースターで推力を補うという基本形態を決めた。

「秋水」と大型ロケット「H2A」の比較

| 諸元 | 秋水（一九四五年） | H2A　ロケット試験機（H2A・F2） |
|---|---|---|
| 全長 | 六・〇五メートル | 五十七メートル（註：七号機は五十三メートル） |
| 全備重量 | 三・八七トン | |
| 全備質量 | | 三百四十八トン（人工衛星の質量ふくまず） |
| 推力 | 一・五トン | 固体補助ロケット　一千四百九十トン<br>固体ロケットブースタ　四千五百二十トン<br>第一段主エンジン　一千七十三トン<br>第二段エンジン　百三十七トン |
| 燃焼時間 | （約三百六十秒） | 第一段三百三十秒、固体計百六十秒<br>第二段五百五十八秒 |
| 推進薬 | 過酸化水素／ヒドラジン＋メタノール＋水 | 液体酸素／液体水素 |
| 推薬供給 | ターボポンプ | ターボポンプ |
| 誘導方式 | 有人 | 慣性誘導方式 |

（下段は『新版日本ロケット物語』を参照した）

## 「H2Aの七号機」打ち上げ成功

日本の主力ロケットH2Aの七号機が二〇〇五年二月二十六日、宇宙航空研究開発機構種子島宇宙センターから打ち上げられ、四十分後に気象観測と航空管制の機能を持つ運輸多目的衛星新1号（MTSAT-1R）を予定の楕円軌道に投入、打ち上げに成功した。

「H2」と「H2A」にかぎってみると、十三基打ち上げて成功は十基（成功率七十七パーセント）であり、まだ技術的に安定していないようでもある。

「H2A」ロケットは、打ち上げ能力、信頼性、経済性などで、世界レベルに達したと言えよう。今後さらにその性能向上をはかり、宇宙開発の推進に邁進してもらいたいものである。

思えば、三菱「秋水」が飛んでから満六十年が経過した。秋水がいま、H2Aになって生まれ変わったのであろうか。

# 第五章　「零戦」と「秋水」

## 復元された零戦と秋水

太平洋戦争緒戦の進攻作戦に大活躍をして、終戦までの全期間にわたって日本海軍の主力戦闘機として君臨し、総数一万機を越える生産をつづけた海軍零式艦上戦闘機「零戦」と、戦争末期に出現したロケット式局地戦闘機「秋水」は、三菱にとって最も意義の大きい機種であると思う。

三菱重工業株式会社名古屋航空宇宙システム製作所小牧南工場の史料室に復元された零戦と秋水が展示されている。零戦の説明をつぎに紹介する。

**零戦**

零式艦上戦闘機一一型(上)と五二型

昭和十二（一九三七）年、海軍より九六式艦上戦闘機の性能を上回る次期戦闘機開発の要求があり、三菱は三十四歳の堀越二郎技師を主務設計者とし、新進気鋭の設計陣を配し、開発に当たった。

徹底した重量の軽減、抵抗の削減、捩り下げ、合成低下方式等の新機軸を採用し、数々の試練を超えて、抜群の運動性、航続力、強力な火力を持つ艦上戦闘機が完成した。皇紀二六〇〇年（昭和十五年）に海軍の正式戦闘機となったことから「零式艦上戦闘機」と呼称され、大戦の初期には目覚しい戦果をあげて敵に恐れられることとなった。最初の量産型を一一型といい、その後改良をかさね二一型、三二型、二二型、五二型、五三型、五四型、六三型、六四型が産まれ終戦までに一万五百五十機が生産され、三菱のほかに中島航空機でも生産された。

展示機は昭和十九（一九四四）年に「三菱４７０８号」として三菱の大江工場で生産された「零戦五二型甲」で、戦後約四十年を経た昭和五十八（一九八三）年にミクロネシア連邦（ＵＳＡ信託統治領）ヤップ島で発見された残骸を可能なかぎり使用し、技術的遺産として三菱名航で忠実に復元したものである。

### 「零戦」の生い立ち

零戦の前身となる九六式艦上戦闘機は、昭和十年一月に試作一号機が完成し、以後、三菱と九州飛行機などで約千機がつくられた。

その後、昭和十二年十月、十二試艦戦の正式な計画支持書が出され、名航では十一試艦上爆撃機の設計を放棄し、新しい戦闘機の設計に専念することにした。

新進気鋭の堀越二郎を主務とし、補助に東條輝雄、中村武を配し、構造関係に曽根嘉年、土井定雄、楢原敏彦、富田章吉、動力技装に井上伝一郎、田中正太郎、兵装儀装に畠中福泉、大橋与一ら、降着装置に加藤定彦、森武芳らと試作纏め兼整備主任竹中熊太郎の選りすぐりのグループを編成した。

要求された性能は速度、上昇力、航続距離、火力など多岐にわたり、そのすべてが当時の常識ではとても考えられないものの総合であった。

十三年四月二十七日、航空本部巌谷英一大尉、横空板谷大尉らが名航にて第一次木型審査を行なった。結果はほぼ良好であった。第二次木型審査は七月十一日、航空廠柴田少佐、横空源田少佐らにより行なわれ、無事終了した。

十四年三月三十一日、十二試艦戦一号機のテスト飛行が行なわれ、軽荷重で高度十メートル、距離五百メートルを飛行した。五回目のテストで、正規満載荷重（二千三百三十一キロ）で時速四百九十キロを出した。七月と八月に官試乗で、時速五百九キロ（高度三千六百メートル）を出した。九月十四日、第一号機は完成領収された。

この二年間で飛行回数は百十九回、飛行時間は四十三・五時間、地上運転は二百十五回、七十一時間弱であった。一、二号機は三菱瑞星一三型発動機であったが、三号機からは中島栄一二型に変更した。三号機は時速五百三十三キロ（高度四千五百メートル）に達した。が、翌年三月十一日、追浜で空中分解事故を起こしてしまった。

**緒戦の優勢**

昭和十五年（皇紀二六〇〇年）海軍制式採用、零式艦上戦闘機一一型となった。日中戦争にただちに投入され、九月十三日に重慶上空で敵機二十七機撃墜の初戦果を挙げたのは有名な話である。十六年三月末までに百八十二機が生産された。十六年八月までの一年間で、中国空軍機百六十二機撃墜、二百六十四機撃破、零戦二機損失の圧倒的な戦果であった。十二月八日、真珠湾奇襲にはじまる太平洋戦争初期、海軍航空隊の活躍は、素晴らしいものであった。この時期における日本海軍保有航空兵力は、戦闘機五百十九機、艦上爆撃機二百五十七機、艦上攻撃機五百十機、陸上攻撃機四百四十五機など合計三千二百二機であった。

**南太平洋の航空戦**

日本と連合軍との戦争がはじまった時点では、準備のととのった日本航空隊は、あらゆる戦線で制空権を握っていた。グアム、ウェーク、フィリピン、蘭印（現インドネシア）を占領した。さらにニューギニアとビスマルク諸島にも進攻し、十七年一月二十三日にニューブリテン島のラバウルに上陸した。

日本軍航空機の優勢は、数において敵を圧倒したが、真珠湾にて大々的に登場した零戦の性能は、その高速と機動性および航続力が優秀で、ほとんど無敵であると思われていた。

フィリピン、スマトラからソロモン諸島にて行なわれた交戦は、重慶上空の空戦とは根本的に異質のものであった。

六月五日のミッドウェー作戦は日本軍の敗北となり、ガダルカナル島に米軍が上陸してから、戦局は緊迫し、木更津の第六航空隊（のちの二〇四空）は、ラバウルに進出した。零戦によるラバウル航空隊が活躍した。ガ島の攻防は十八年二月に日本軍が撤退して悲劇的に終了した。

その後、四月に前線視察の山本連合艦隊司令長官の搭乗した一式陸攻二機が零戦六機の護衛をともなってブインへ飛行中、米軍ロッキードP38の十六機編隊に待ち伏せされて撃墜された。零戦の配備はすでに少なく十分な護衛戦闘機を付けられなかったようである。

「秋水」部隊（三一二空）の司令柴田武雄大佐（当時中佐）は十八年九月、二〇四空の司令になっている。

十八年十一月ごろからラバウルに対する空襲は激化した。迎撃戦は二〇四空などの零戦隊により活発に行なわれた。なかでも十九年一月十七日、来襲した二百機ちかい敵機のうち二〇四空だけで六十九機撃墜、こちらの損害なしという勝利をおさめた。

### 「零戦」の強敵出現

航空機工業の進歩は驚くほど速い。零戦に翻弄されている米空軍は零戦を凌駕する戦闘機の開発に取り組んだ。

太平洋戦争がはじまり日本軍機と戦った主米軍機は、昭和十四年二月に初飛行を行ない、十六年末までに百八十五機生産されていたグラマンF4F-3「ワイルドキャット」であった。改良したF4F-4型は十七年初頭から米海軍の主力戦闘機として大量生産された。ワイルドキャットは緒戦での零戦との戦闘でしばしば敗れたことから、零戦の優秀性が過大評価されたきらいがあるが、二段二速過吸気付きエンジン、優れた防弾や武装など零戦にくらべて先進的な面も持っていた。

ついでグラマン社では、打倒零戦のためのF6F「ヘルキャット」が昭和十九年に出現した。F6Fは昭和十六年六月に試作発注され、十七年六月に初飛行に成功している。同年十月から量産がはじまり、昭和二十年十一月までの三年一ヵ月間に一万二千二百七十機生産された。ピーク時の月産は五百ないし六百機の生産ペースであった。

太平洋戦争でF6Fは五千機以上の日本軍機を撃墜したという。このほかに米軍戦闘機は、ロッキードP38ライトニング、ボートF4Uコルセアや、日本本土にも来襲した航続力三千キロメートルを越える最優秀機ノースアメリカンP51ムスタングがあった。

開戦七ヵ月にして日米航空兵力の物量の差が、昭和十七年六月のミッドウェー海戦の日本海軍の惨敗と時を同じくして決定的なものになってきた。そのころの日本海軍の第一線機の配備は、約千五百機（うち零戦五百機）にすぎなかったが、米軍戦闘機は十七年から三万台ちかい数の戦闘機が生産可能になっていた。日本陸海軍機が増産と改造に追いまくられての

グラマンＦ６Ｆヘルキャット戦闘機(上)と
グラマンＦ４Ｆワイルドキャット戦闘機

現状維持であったのに対し、アメリカでは、多数の設計陣によって、軍用機新機種が試作され生産に移されていたのである。

零戦の生産数は、昭和十七年から二十年の終戦までの四年間に三菱、中島合わせて九千八百五十九機であった。

ロッキードP38ライトニング戦闘機(上)と
ノースアメリカンP51ムスタング戦闘機

### 「零戦」の終焉

ソロモン方面の戦局悪化により、ラバウルの航空隊も後退消滅した。フィリピン、台湾、沖縄からついに本土決戦も時間の問題となるほどに切羽詰まってきた。

戦局挽回の

復元されて三菱小牧南工場史料室に展示されている秋水と零戦

最後の切り札は特攻であった。一航艦司令長官大西中将は零戦に二百五十キロ爆弾を装着した特攻攻撃を決意した。そして、特攻攻撃は本格的に続行され、殉国の至情に燃えた多くの若い命を南の海に散らせてしまった。

零戦の最後も悲壮というべきか。しかし、零戦の栄光は後世に永遠に語り伝えられるであろう。

「零戦」と「秋水」、ともに三菱名航、名発、名研が誇る努力の結晶である。戦後六十年のいま、三菱小牧南工場史料室に並んで、在りし日の雄姿を出現している。万感胸に迫るものがある。

最後に、「秋水」復元機の傍らに置かれた「銘板」を紹介してこの記事を終わる。

三菱重工業株式会社航空宇宙システム製作所小牧南工場史料室
「秋水」復元機の銘板の記載（註：銘板は横書きである）

**局地戦闘機「秋水」**

秋水とは我が国で最初の有人ロケット戦闘機（世界ではドイツにつづいて二番目）で、終戦間近の昭和十九年八月に当社に設計・試作を任され十一ヵ月の短期間で完成、昭和二十年七月七日に試験飛行に持ち込むなど、我が国航空技術史の一ページを飾る貴重なものと評価されている戦闘機である。

試験飛行ではエンジントラブルにより残念ながら墜落大破し実戦には間に合わなかったものの、世界でも数少ないロケット推進式の戦闘機で、当時としては驚異的な上昇力と抜群の速度を誇った知名度の高い戦闘機であった。

高度一万メートルまで三分半で上昇、時速六百～八百km／hで接敵攻撃し、攻撃後は滑空で帰還するもので、主として本土空爆のＢ29攻撃を目的としたものであった。

この戦闘機は昭和十九年七月に日独連絡潜水艦がドイツから持ち帰ったメッサーシュミットＭｅ１６３Ｂロケット戦闘機の一部の資料を基に、資料、データがほとんど皆無の中で我が国の技術力を結集して開発された。機体は三菱重工名古屋航空機製作所、エンジンは三菱重工名古屋発動機製作所大幸工場において神戸造船及び長崎兵器製作所等の協力を得て進められた。開発途中に東南海地震、三河大地震や米軍の爆撃に遭遇しながらそれに耐えて推進された。「秋水」の復元は、残骸を使用すると共に、約千六百枚の貴重な保管図面を使用して行ない、当所の歴史を飾るにふさわしい技術遺産として保存するものである。本展示機の他に現存する「秋水」は、終戦時に日本から運ばれた一機が米国に展示されている。

# あとがき

太平洋戦争は昭和二十年八月に終結した。爾来、六十年になる。

戦争末期、三菱重工、海軍航空技術廠、陸軍航空審査部の三者が協力して開発を進めた日本唯一のロケット戦闘機・一九試局戦「秋水」があった。機体は海軍主導、ロケット・エンジンは陸軍主導、設計生産は三菱重工(名航・名研)であった。十一ヵ月間の努力により七月七日、追浜飛行場で試飛行が行なわれ、日本最初のロケット機「秋水」は飛び上がった。

もっとも印象に残るのは、東南海大地震につづく昭和十九年十二月十三日の三菱名古屋発動機大幸工場のB29による空襲被爆である。当時、三菱で秋水のロケット・エンジン設計に参画していた筆者は、追浜海軍空技廠、松本陸軍航空審査部を転々としながら秋水の完成に専心していた。試験飛行、やがて終戦となった。わずかの年月ではあったが、秋水に関する想いは深く、記憶に残る「秋水」の記録をできるだけ残しておくことを思いたって今日まで数十年が経過していた。

ロケット技術は、この六十年に飛躍的に発展した。宇宙を飛ぶ夢は実現した。秋水やドイツのMe163のような有人ロケット戦闘機は過去のものとなってしまった。しかし、その一方、推進用のロケット・エンジンの技術とその応用に関しては、格段の進歩がある。宇宙開発ロケットは多くの実用衛星を打ち上げ、人類の日常生活に多大の貢献をしている。他方、軍事力として大陸間弾道弾や、各種のミサイルに利用された。日本は戦争を放棄した。しかし、各国の軍事力としてのロケット技術は、核弾頭ミサイルの脅威となって現われているが、将来の世界平和に一抹の不安をも抱かせてはならない。

本書は、その設計者の一人として、まず当時、総力をあげて取り組んだ「秋水」の全貌をできるだけ後世に伝えることを主眼にしたが、同時に秋水の技術が現在にもなお生きていることを読者の皆様に感じとって頂ければ幸いであると思っている。

『最終決戦兵器「秋水」設計者の回想』(原題)と題するこの小稿をまとめるまでに、数十年にわたって古い資料を探しては、そのつど思いつくままに書き綴ってきた。不思議なことに貴重な文献が続々と私の手元に集まってきたようだ。

秋水について少しでも書かれたものは収集した。稀少本では『海鷲の航跡』がある。最近では三菱菱光会の『往時茫茫』を入手することができた。またとくに、筆者が三菱名研秋水係として勤務していたころに書いた昭和十九年十二月から二十年八月までの「作業日誌」、ならびに終戦直後に書いておいた「記憶メモ」が最近になって発見できたことは、大きな収穫であった。

さらに、一九九五年に前著『秋水始末記』（持田勇吉氏監修）を発表してから多くの方々と秋水を介してお近づきができたことはまことに嬉しいかぎりである。たとえば、防衛庁防衛研究所戦史部高橋雅裕氏から数々のお便りをいただいたこと。また、私が追浜の海軍空技廠にいたころ、同じように空技廠におられた日本飛行機山形工場の寺岡嵩氏を天童市に訪問したこと。当時、氏とはまったく逢ったこともないのに、戦後六十年をへて、はじめてお目にかかったわけであったが、その歳月はたちまち消え去り、古くからの知己のごとく話題が途絶えることはなかった。

秋水の試験飛行で墜落したときの事故調査委員長であった西村真舩氏からは、氏が秋水についてまとめられた膨大な文書をたびたびお送りいただいたが、拝顔の機会は未だである。三菱小牧南工場史料室岡野允俊氏からは多くの秋水史料の便宜をいただいたし、平成十六年、『日本初のロケット戦闘機「秋水」』を上梓された松岡久光氏には、秋水を通してのご知遇をいただいたことも有難いことであると思っている。

先般、『VTR「秋水」』柴田一哉氏編集（前編・後編）が西東京ITサービス社から出版されたが、そこに出ておられる広瀬行二氏は、あの忘れもしない昭和十九年十二月十三日、三菱大幸工場がB29による最初の大空襲を受けたとき、名研の防空壕で被爆体験をされたそうである。筆者もまったく同じ時、すぐ近くの壕に退避していたとは、懐かしい話である。

広瀬氏は秋水初飛行の際の写真で機体の左翼を持っておられる方である。

ここに本書の原稿作成にあたり、多くの方々のご助力を頂いたことを心より感謝申し上げる次第である。また、本書の編集・刊行に種々お世話になった光人社の牛嶋義勝氏、川岡篤氏のご努力にも謝意を申し上げる。

かつて三菱重工・名古屋発動機研究所に在籍した人たちが、昭和五十四年に大幸荘に集合し、第一回「発研会」が開催された。出席七十九名であった。以降、毎年開催され、昭和六十三年には会員百九十九名を数えた。秋水時代の上司、持田勇吉氏（のちに三菱自動車副社長）にもときどきお目にかかって秋水の史料についてもうかがっていたが、出席者はしだいに減少してしまい、平成十二年、第二十二回出席十三名にてついに解散となった。まことに残念なことである。

私の知る秋水関係者も数人を残すほどになったが、名研の絆、私にとっては秋水の絆が、戦後六十年も生きつづけたことは本当に尊いことであると思う。

いま、秋水は復元され蘇った。秋水の復元機が平成十四年に完成し、その前年に復元されていた零戦と並んで三菱重工・小牧南工場史料室に展示されている。つづいてロケット・エンジンKR10も復元された。その昔、秋水に関わった者として嬉しく思い、非常に感激した次第である。

日本唯一のロケット戦闘機「秋水」の名は永遠に生きつづけていくであろう。

平成十八年一月

牧野育雄

## 参考文献

「往時茫茫」三菱重工名古屋五十年の懐古（全三巻・一九七〇〜一九七一年・菱光会刊）＊「大幸随想」（三菱重工・大幸随想刊行会出版・一九九七年）＊「秋水ロケット原動機」（新三菱重工業㈱名古屋製作所「資-629」・一九五三年四月二十六日）＊「海鷲の航跡」-日本海軍航空外史-海空会編（原書房・一九八二年）＊「機密兵器の全貌」第三章・藤平右近（原書房・一九七六年）＊「ロケット機〝秋水〟について」巌谷英一（「世界の航空」・一九五二年）＊「ロケット戦闘機物語」寺岡嵩（中央印刷・一九八二年）＊「ロケット機〝秋水〟の秘録」他二編・西村真舩（一九九五、一九九八、二〇〇〇年）＊「落穂ひろい（3）」平田坦（Rocket News・一九七五年）＊「みつびし飛行機物語」松岡久光（アテネ書房・二〇〇二年）＊「みつびし航空エンジン物語」松岡久光（アテネ書房・二〇〇二年）＊「深海の使者」吉村昭（文芸春秋・一九七三年）＊「海軍空技廠」（全）碇義明（光人社・一九八九年）＊「昭和二十年・第一部」鳥居民（草思社・一九九六年）＊「神風になりそこなった男達」高田幸雄（国書刊行会・一九九二年五月）＊「海軍飛行予備学生史」東海白鴎遺族会編（同会刊・二〇〇四年五月二十七日・非売品）＊「翔べなかった予科練生」伊勢田達也＊「サムライたちのゼロ戦」ロバート・C・ミケシュ、立花薫訳（講談社・一九九五年七月）＊「歴史群像」太平洋戦争シリーズvol.12〝零式艦上戦闘機〟（学習研究社・一九九六年九月）＊「海軍飛行科予備学生よもやま話」陰山慶一（光人社・一九八七年）＊「陸軍特別操縦見習士官よもやま話」高田英夫（光人社・一九八九年十月）＊「日本ロケット物語」大澤弘之監修（誠文堂新光社・二〇〇三年九月）＊「宇宙ロケットの世紀」野田昌宏（NTT出版・二〇〇〇年三月）＊「日中宇宙戦争」中野不二男・五代富文（文藝春秋新書361・二〇〇四年）＊「ロケット開発『失敗の条件』」五代富文・中野不二男（KKベストセラーズ・二〇〇一年）＊「幻の秘密兵器」木俣滋郎（光人社NF文庫・一九九八年八月）＊「幻の新鋭機」小川俊彦（光人社NF文庫・一九九六年十一月）＊「最後の特攻機『剣』」山田誠（大陸書房・一九七四年十二月）＊「ドイツのロケット彗星」W・シュペーテ（大日本絵画・一九九三年）＊MESSERSSHMIT Me163 & HEIKEL Me162（Aero Detail 10・大日本絵画・一九九四年）＊「丸」No.667〝零戦のライバル・米海軍戦闘機〟（潮書房・二〇〇一年）＊「丸」No.561〝陸軍戦闘機列伝〟（潮書房・一九九三年）＊「丸」No.592〝ロケット戦闘機「秋水」に暑く燃えた夏〟豊岡隆憲（潮書房・一九九五

年）＊「別冊歴史読本〝日本軍戦闘機〟」（新人物往来社・二〇〇一年八月）＊「別冊歴史読本〝日米軍用機〟」（新人物往来社・二〇〇二年五月）＊「海軍局地戦闘機」野原茂（光人社・二〇〇四年九月）＊「あいちの航空史」中日新聞社会部編（中日新聞本社・一九七八年）＊「日本初のロケット戦闘機『秋水』」松岡久光（三樹書房・二〇〇四年三月）＊「日本唯一のロケット戦闘機『秋水』始末記」牧野育雄（内燃機関 No.428 山海堂・一九九五年五月）

単行本　平成十八年二月『最終決戦兵器「秋水」設計者の回想』改題　光人社刊

ＮＦ文庫

設計者が語る最終決戦兵器「秋水」

二〇二一年五月十九日　第一刷発行

著　者　牧野育雄

発行者　皆川豪志

発行所　株式会社　潮書房光人新社

〒100-8077　東京都千代田区大手町一-七-二

電話／〇三-六二八一-九八九一㈹

印刷・製本　凸版印刷株式会社

定価はカバーに表示してあります

乱丁・落丁のものはお取りかえ致します。本文は中性紙を使用

ISBN978-4-7698-3214-0　C0195

http://www.kojinsha.co.jp

NF文庫

## 刊行のことば

第二次世界大戦の戦火が熄んで五〇年――その間、小社は夥しい数の戦争の記録を渉猟し、発掘し、常に公正なる立場を貫いて書誌とし、大方の絶讃を博して今日に及ぶが、その源は、散華された世代への熱き思い入れであり、同時に、その記録を誌して平和の礎とし、後世に伝えんとするにある。

小社の出版物は、戦記、伝記、文学、エッセイ、写真集、その他、すでに一、〇〇〇点を越え、加えて戦後五〇年になんなんとするを契機として、「光人社NF（ノンフィクション）文庫」を創刊して、読者諸賢の熱烈要望におこたえする次第である。人生のバイブルとして、心弱きときの活性の糧として、散華の世代からの感動の肉声に、あなたもぜひ、耳を傾けて下さい。